Photoshop CS6
基础教程

主 编 汤 莉

副主编 徐建刚 张 卉

复旦大学出版社

前　言

随着时代的发展,信息技术得到了迅猛的发展,并逐渐深入到人们日常的生活和工作中。每一个人要跟上时代前进的步伐,都必须学习并应用信息处理技术。图像处理技术是信息处理技术中的重要组成部分,它与人们的日常生活密不可分,也是人们应用计算机必不可少的一种技术。美国Adobe公司开发的图像处理软件Photoshop,具有强大的图像编辑和处理能力,成为众多图像处理软件中的佼佼者。Photoshop CS6是该图像处理软件使用较为广泛的版本,应用于广告设计、图像处理、图形制作、数码摄影及建筑效果图设计等诸多领域,深受广大设计人员的青睐。

为了让更多的学生和图像设计的初学者快速掌握图像处理技术及Photoshop软件的操作方法,我们组织了具有多年教学和实践经验的一线教师,经过精心的策划和创作,编著了《Photoshop CS6基础教程》。该教程作为计算机基础课程教材,旨在突出理论与实践相结合、面向应用、培养学生的动手能力。

本书以Photoshop CS6为背景,本着由浅入深、循序渐进的原则,详细地介绍了Photoshop CS6的操作方法和使用技巧,包括基本概念、工具箱、活动面板、图层、路径、文字、通道、蒙版、滤镜等内容。《Photoshop CS6基础教程》力求内容丰富、条例清晰、语言简练、概念清晰、通俗易懂、图文并茂,注重实用性和可操作性,是一本体系创新、深浅适度、重在应用、着重能力培养的应用型高校教材。本书在详细讲解每个知识点的基础上,配以相应的实例应用,便于读者的理解和上机实践。最后,本书提供了大量综合实例,让读者在不断的实际操作中更加牢固地掌握书中讲解的内容。通过对本书的学习,读者不仅能轻松掌握Photoshop CS6软件的使用方法和应用技巧,还能满足网页设计、平面设计及广告设计等工作的需要。

本书共8章,主要内容有:概述、Photoshop CS6绘图及修饰、图层、形状与路径、通道与蒙版、滤镜与文字、图像调整技术与色彩调节以及综合实例。本书不仅包括了丰富的理论知识,还囊括了很多实用技巧,能有效提高读者的操作能力。

本书可作为各高等院校的基础教材,也可作为各类培训机构的教学用书。本书主要定位于希望快速学习Photoshop软件的初中级电脑用户,适合Photoshop自学者,同时,对从事网页设计、平面设计及数码摄像等工作的人员也有很好的参考价值。

本书的编写人员均为天津财经大学的一线教师。具体编写分工为:第1章和第2章由徐建刚编写,第3章和第4章由张卉编写,第5章至第8章由汤莉编写,全书由汤莉负责修改及统稿。

本书在编写过程中得到了天津财经大学教务处、理工学院及信息科学与技术系各位领导的大力支持,得到了华斌教授、刘军教授、何丽教授、张彦玲副教授及计算机公共基础教研室全体教师的鼎力帮助。此外,本书还得到了天津锐敏科技发展有限责任公司的大力支持,在此一并表示衷心的感谢!

由于编者水平有限,时间仓促,虽然付出了大量的时间和工作,但是书中不当之处在所难免,欢迎广大同行和读者批评指正。

编　者

2018年6月21日

目 录

第 4 章
形状与路径

第 5 章
通道与蒙版

第 6 章
滤镜与文字

第7章
图像调整技术与色彩调节

第8章
综合案例

第1章

概　述

1.1　图像处理的基础知识

1.1.1　位图和矢量图

计算机图形主要分为两种类型，一种是位图，一种是矢量图。Photoshop CS6在位图方面的处理能力是其他软件不能比拟的，但是还不能处理矢量图。

1. 位图

位图也叫点阵图，它是由许多点组成的，这些点称为像素，每个像素都有特定的位置和颜色值。位图的显示效果和像素是紧密联系的，不同颜色和排列的像素组合在一起就构成了一幅完整的图像。像素是组成图像的最小单位，图像是由以行和列的方式排列的像素组合而成的，像素越高，文件越大，图像的品质越好。在Photoshop CS6中处理图像，就是对像素进行编辑。

位图与分辨率有关，它所包含的像素数目是一定的，将图像放大到一定程度就会出现锯齿状的边缘并且丢失细节。如图1-1所示。

图1-1　放大后的位图

2. 矢量图

矢量图也叫向量图，它是使用图形软件通过数学的矢量方式进行计算得到的图形。矢量图中的各种图形元素称为对象，每个对象都是独立的个体，都具有大小、颜色、形状等属性。

矢量图与分辨率无关，将它设置为任意大小，其清晰度不变，也不会出现锯齿状的边缘。矢量图所占的存储空间要比位图小很多，但它不能创建过于复杂的图形，也无法像位图那样精确地描绘各种绚丽的景象。如图1-2所示。

图1-2　放大后的矢量图

1.1.2　分辨率

像素和分辨率关系到图像的质量和大小，像素和分辨率是成正比的,像素越大,分辨率也越高。

1. 图像分辨率

图像的分辨率指每英寸图像含有多少个点或像素,分辨率的单位为dpi,如72dpi就表示该图像每英寸含有72个点或像素。因此在图像的尺寸和图像分辨率确定的情况下,可以计算得到该图像中全部像素数。

虽然分辨率越高,图像的质量越好,但也会增加占用的存储空间,只有根据图像的用途设置合适的分辨率,才能取得最佳的应用效果。低分辨率图像效果如图1-3所示。高分辨率图像效果如图1-4所示。

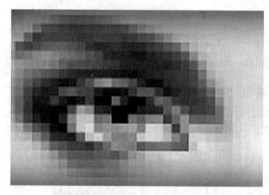

图1-3 低分辨率图像   图1-4 高分辨率图像

2. 屏幕分辨率

屏幕分辨率是显示器上每单位长度显示的像素数目。PC显示器的分辨率一般约为96dpi,Mac显示器的分辨率一般为72dpi。在Photoshop CS6中,图像像素被直接转换成显示器像素,当图像分辨率高于屏幕分辨率时,屏幕中显示的图像就比实际尺寸大。

1.1.3 图像的色彩模式

图像的色彩模式决定了显示和打印图像颜色的方式,常用的色彩模式有RGB模式、CMKY模式、灰度模式、位图模式、索引模式等。这些模式都可以在模式菜单下选取,每种色彩模式都有不同的色域,并且相互之间可以转换。

1. RGB模式

RGB模式是Photoshop CS6中默认使用的颜色。因为它可以提供全屏幕多达24 bit的色彩范围,所以也被称为真彩色。RGB模式的图像由3个颜色通道组成,分别为红色(Red)、绿色(Green)和蓝色(Blue)。其中每个通道均使用8位颜色信息,每种颜色的取值范围是0~255。3个颜色通道叠加,便可以有$256 \times 256 \times 256 \approx 1\,670$万种可能的颜色,这足以表现出绚丽多彩的世界。

RGB模式的图像文件比CMYK模式的图像文件要小很多,可以节省存储空间,一般扫描输入的图像或者绘制图像都采用RGB模式存储。

2. CMKY 模式

CMKY 模式是一种印刷模式，CMKY 分别代表了印刷上使用的4种油墨颜色：C 代表青色，M 代表洋红色，Y 代表黄色，K 代表黑色。

CMKY 模式在印刷时应用了色彩学中的减法混合原理，在印刷中通常要进行四色分色，出四色胶片，然后才进行印刷。

在 Photoshop CS6 中处理图像时，一般不采用 CMKY 模式，在需要印刷时才将图像转换成 CMKY 模式。

3. 灰度模式

灰度模式中每个像素用8个二进制位表示，能产生 2^8（即256）级灰色调。当一个彩色文件被转换为灰度模式文件时，所有的颜色信息都将丢失，虽然 Photoshop CS6 允许将一个灰度文件转换为彩色模式文件，但不可能将原来的颜色完全还原。所以当要转换灰度模式时，先要做好图像的备份。

灰度模式的图像只有明暗值，没有色相和饱和度这两种颜色信息。其中，0%代表黑色，100%代表白色，K 值用于衡量黑色油墨用量。

4. 位图模式

位图模式的图像又称黑白图像，它用黑、白两种颜色值来表示图像中的像素，每个像素都用 1 bit 的位分辨率来记录色彩颜色信息，因此占用存储空间较小。如果需要将彩色图像转换成黑白颜色的图像，必须先将其转换成灰度模式，然后由灰度模式再转换为位图模式。

1.1.4 常用的图像文件格式

用 Photoshop CS6 制作或处理好一幅图像后，就要进行存储，这时需要选择一种合适的文件格式。如果文件格式选择不当，则之后读取文件时可能会产生变形或不能使用等问题。Photoshop CS6 支持20多种图像格式，下面介绍几种常用的图像格式。

1. PSD/PSB 格式

PSD 格式是 Photoshop CS6 的默认格式，也是唯一支持所有图像模式（位图、灰度、双色调、索引颜色、RGB、CMYK、Lab 和多通道）的文件格式。它可以保存图像中的图层、通道、辅助线和路径等信息。

PSB 属于大型文件格式。除了具有 PSD 的所有属性外，还支持宽度或高度最大为30万像素的文件。

2. BMP 格式

BMP 格式是 DOS 和 Windows 平台上的标准图像格式，是一种标准的点阵图像文件格式，主要用于保存位图文件。它可以处理24位颜色的图像，支持 RGB、索引颜色、灰度和位图颜色模式，但不支持 Alpha 通道。BMP 格式的特点是包含的图像信息比较丰富，几乎不对图像进行压缩，但其占用磁盘空间较大。

3. GIF 格式

GIF 格式是一种压缩的 8 bit 图像文件，占用磁盘空间少，非常适合网络传输，用这种格式可以缩短图形的加载时间,是网页中常用的图像格式。

GIF格式的最大特点是能够创建具有动画效果的图像,在Flash没出现之前,几乎所有动画图像均要保存为GIF格式。

4. JPEG格式

JPEG格式是一种有损压缩的网页格式。它既是一种文件格式,又是一种压缩技术,主要用于具有色彩通道性能的照片图像中。JPEG格式支持RGB、CMYK及灰度等色彩模式,但无法保存Alpha通道。最大的特点是文件比较小,可以进行高倍率的压缩,图像质量会有一定损失,因此在注重文件大小的领域应用广泛。

5. TIFF格式

TIFF格式是标签图像格式,是为色彩通道图像创建的最有用的格式,可以用于在不同的应用程序和不同的计算机平台之间交换文件,应用相当广泛,几乎所有的绘画、图像编辑和页面设计程序均支持该文件格式。

TIFF格式可以保存通道、图层和路径信息,这似乎与PSD格式很相似。但是,如果在其他程序中打开TIFF格式所保存的图像,其所有图层将被合并,只有用Photoshop时,才能够修改其中的图层。

6. PNG格式

PNG格式是一种无损压缩的网页格式。它结合GIF和JPEG格式的优点,不仅无损压缩,体积更小,而且支持透明和Alpha通道。目前由于PNG格式不完全适用于所有浏览器,所以在网页中使用比较少,但开发这种文件格式的目的是希望替代GIF和TIFF文件格式。

7. PDF格式

PDF格式是一种通用的文件格式。使用PDF格式可以精确显示并保留字体、页面版式、矢量图形和位图图像。另外,PDF格式还可以包含文件搜索和导航功能。支持RGB、索引颜色、CMYK、灰度、位图和Lab颜色模式,但不支持Alpha通道。

8. 选择合适的图像文件格式存储

一般应该根据工作任务的需要选择合适的图像文件格式存储。根据图像的不同用途应该选择的图像文件格式如下:

用于Photoshop CS6工作: PSD、PDD、TIFF。

出版物: PDF。

用于印刷: TIF、EPS。

网络图像应用: GIF、JPEG、PNG。

1.2 Photoshop CS6的工作界面

熟悉工作界面是学习使用Photoshop CS6的基础。Photoshop CS6的工作界面主要由标题栏、菜单栏、属性栏、工具箱、控制面板和状态栏组成,如图1-5所示。

文件(F) 编辑(E) 图像(I) 图层(L) 文字(Y) 选择(S) 滤镜(T) 3D(D) 视图(V) 窗口(W) 帮助(H)
羽化: 0像素
消除锯齿
样式: 正常
宽度:
高度:
调整边缘...
33611.jpg @ 100%(RGB/8#)
颜色 色板
R
G
B
调整 样式
添加调整
图层 通道 路径
正常
不透明度:
锁定:
填充:
背景
100%
文档:975.6K/975.6K

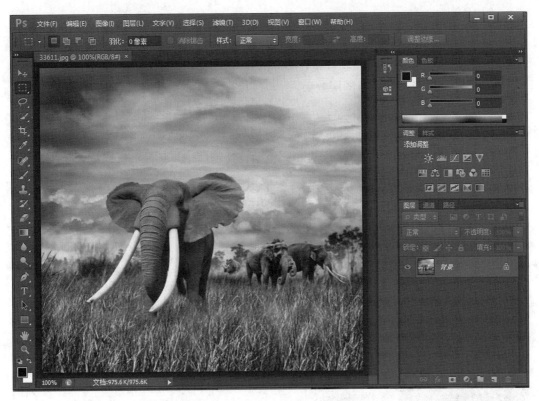

图1–5 Photoshop CS6工作界面

1.2.1 菜单栏

菜单栏主要用于为大多数命令提供功能入口，菜单栏中包含可以执行的各种命令。Photoshop CS6中有11个主菜单，单击菜单名称即可打开相应的下级菜单。

1. 菜单分类

Photoshop CS6的菜单栏依次分为“文件”菜单、“编辑”菜单、“图像”菜单、“图层”菜单、“文字”菜单、“选择”菜单、“滤镜”菜单、“3D”菜单、“视图”菜单、“窗口”菜单和“帮助”菜单，如图1–6所示。

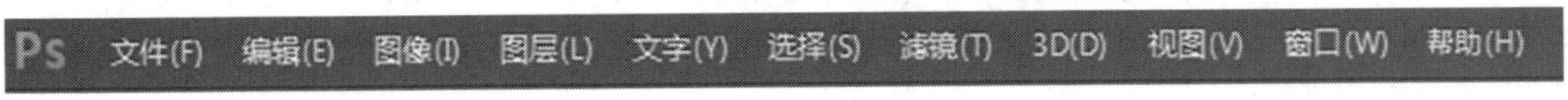

Ps
文件(F) 编辑(E) 图像(I) 图层(L) 文字(Y) 选择(S) 滤镜(T) 3D(D) 视图(V) 窗口(W) 帮助(H)

图1–6 Photoshop CS6菜单栏

其中各菜单项的主要作用如下：

“文件”菜单：可以执行新建、打开、存储、关闭、置入、打印等一系列针对文件的命令。

“编辑”菜单：用于对图像的编辑，包括还原、剪切、复制、粘贴、填充、变换等。

“图像”菜单：用于对图像模式、颜色、大小等进行调整和设置。

“图层”菜单：用于对图像中图层的操作，使用相应的命令对图层进行运用和管理。

"文字"菜单：用于对文字对象进行编辑和处理。

"选择"菜单：用于对选区进行反向、修改、变换、扩大、载入等操作。

"滤镜"菜单：用于为图像设置各种不同的特殊效果。

"3D"菜单：用于实现3D图层效果。

"视图"菜单：用于对视图进行缩放、改变模式、显示标尺等的调整及设置。

"窗口"菜单：用于控制工作界面中工具箱和各个面板的显示和隐藏。

"帮助"菜单：提供了使用Photoshop CS6的各种帮助信息。

2. 打开菜单

单击菜单名称即可打开该菜单，不同功能的命令之间采用分隔线隔开。如果命令为浅灰色，则表示该命令目前处于不能选择状态；如果命令右侧有一个 ▶ 标记，则表示该命令下还包含有子菜单；如果命令后有"…"标记，则表示选择该命令后打开对话框；如果命令右侧有字母组合，则表示该命令有键盘快捷键。如图1-7所示。

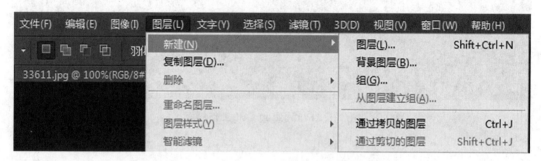

图1-7　打开菜单

3. 执行菜单中的命令

单击菜单中的一个命令即可执行该命令。如果该命令有快捷键，则按快捷键可快速执行该命令。菜单名称和有些命令后面有字母，其用途是可通过快捷方式打开该菜单和里面的命令，方法是按住Alt键+菜单字母+命令字母。例如：依次

图1-8　菜单快捷键

按Alt键、L键、D键可执行"图层"菜单中的"复制图层"命令。如图1-8所示。

有些命令被选择后，在前面会出现"√"标记，表示该命令为当前执行的命令。如图1-9所示。

在菜单栏中，对于当前不可操作的命令，将以灰色显示，表示无法进行选取，对于包含子菜单的菜单命令，如果不可用，则不会弹出子菜单。如图1-10所示。

1.2.2　工具箱

Photoshop CS6的工具箱包括选择工具、绘图工具、填充工具、编辑工具、颜色选择工具、快速蒙版工具等，如图1-11所示。要了解每个工具的具体名称，可以将光标放置在具

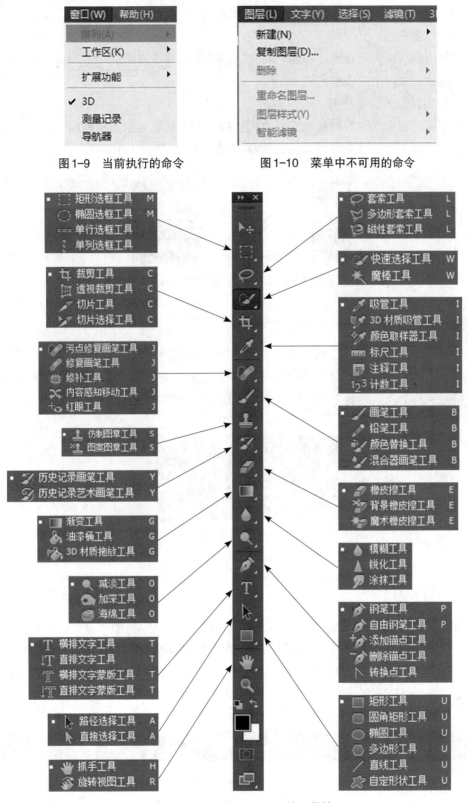

图1-9 当前执行的命令　　　　图1-10 菜单中不可用的命令

图1-11 Photoshop CS6的工具箱

体工具的上方并停留两秒,此时将显示该工具的名称。

1. 移动工具箱

工具箱的默认位置是在窗口左侧。将光标移动到工具箱顶部,单击并向右移动,可以将工具箱拖放到窗口中的任意位置。

2. 切换工具箱的显示状态

工具箱可以根据需要在单栏和双栏之间切换。当工具箱显示为单栏时,如图1-12所示。单击工具箱上方的双箭头图标,即可转换为双栏显示,如图1-13所示。

图1-12　单栏工具箱　　　　图1-13　双栏工具箱

3. 显示并选择工具

在工具箱中,部分工具图标的右下方有一个小三角符号 ◢ ,表示在该工具下还有隐藏的工具,在工具箱中有小三角的工具图标上单击右键,可弹出隐藏工具选项,如图1-14所示。将光标移动到需要的工具图标上单击,即可选择该工具。

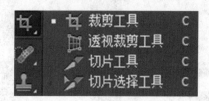

图1-14　显示隐藏的工具

1.2.3　工具选项栏

当选择某个工具后,在Photoshop CS6工作界面的上方菜单栏的下方将出现相应的工具选项栏,用于对相应的工具进行各种属性设置。选项栏内容不是固定的,它会随所选工具的不同而改变。例如,选择"画笔工具" ✎ 时,其选项栏如图1-15所示,可以通过其中的各个选项对"画笔工具"作进一步的设置。

图1-15　画笔工具选项栏

1.2.4　状态栏

状态栏可以显示文档大小、文档尺寸、当前工具和窗口缩放比例等信息。打开一幅图像，窗口下方会出现该图像的状态栏，如图1-16所示。

图1-16　状态栏

状态栏的左侧显示当前图像缩放显示的百分数，在当前数值位置输入新的数值可以改变图像窗口的显示比例。

单击状态栏右侧的三角形图标▶，在弹出的菜单中可以选择当前图像的其他相关信息，如图1-17所示。信息内容将显示在状态栏的中间位置。

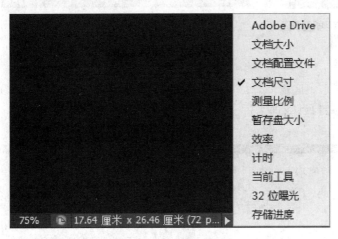

图1-17　图像信息

1.2.5　控制面板

面板用于设置颜色、工具参数，以及执行编辑命令。Photoshop CS6中有20多个面板，在"窗口"菜单中可以选择需要的面板将其打开。默认情况下，面板以选项卡的形式成组出现，并停靠在窗口右侧，可以根据需要打开、关闭或自由组合面板。

1. 选择面板

在面板选项卡中，单击一个面板的名称，即可显示该面板。例如，单击"样式"时会显示"样式"面板，如图1-18所示。

2. 折叠与展开面板

面板根据需要可以展开或者折叠。单击面板组右上角的折叠按钮◀◀，可以将其折叠为图标状态，

图1-18　样式面板

如图1-19所示。折叠后，单击相应的图标可以展开该面板，例如，单击"颜色"图标，可以
展开"颜色"面板，如图1-20所示。

图1-19　折叠面板　　　　　　　　　　图1-20　展开面板

3. 拆分面板

单击并拖拽某个面板标签，可以将该面板从组合面板中拆分出来，放置在工作区的任
何位置。如图1-21所示，即为拆分出的图层面板。

图1-21　拆分面板

4. 组合面板

面板过多会占用工作区的空间,可以通过组合面板的方式将几个面板合并到一个面板栏中。要组合面板,可以选中外部控制面板的选项卡,按住鼠标左键将其拖拽到要组合的面板组中,面板组周围会出现蓝色的边框,此时释放鼠标,组合完成。如图1-22所示。

5. 面板菜单

单击任何一个控制面板右上角的 按钮,均可打开面板菜单,应用这些菜单命令可以提高控制面板的功能性,如图1-23所示。

6. 隐藏与显示面板

按Tab键,可隐藏工具箱和控制面板;再次按Tab键,可以显示隐藏的部分。按Shift+Tab组合键,可隐藏控制面板;再次按Shift+Tab组合键,可显示隐藏的部分。

图1-22 组合面板

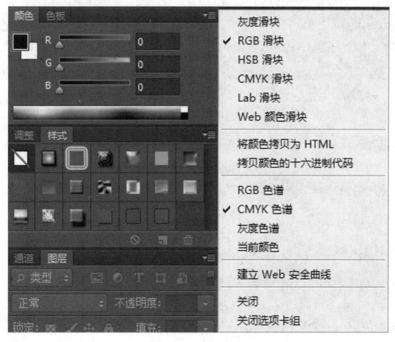

图1-23 面板菜单

还可单独隐藏或显示某个面板：按F5键可显示或隐藏"画笔"控制面板，按F6键可显示或隐藏"颜色"控制面板，按F7键可显示或隐藏"图层"控制面板，按F8键可显示或隐藏"信息"控制面板，按Alt+F9组合键可显示或隐藏"动作"控制面板。

7. 自定义工作区

可以依据操作习惯自定义工作区、存储控制面板及设置工具的排列方式，设计出个性化的界面。选择"窗口｜工作区｜新建工作区"命令弹出"新建工作区"对话框，输入工作区名称，单击"存储"按钮，完成对自定义工作区的存储。如图1-24所示。

使用自定义工作区时，可在"窗口｜工作区"的子菜单中选择所保存的工作区名称。如果要删除自定义的工作区，可以选择菜单"窗口｜工作区｜删除工作区"命令进行删除；如果要恢复默认的工作区状态，可以选择菜单"窗口｜工作区｜复位基本功能"命令进行恢复。如图1-25所示。

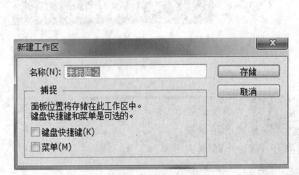

图1-24　自定义工作区

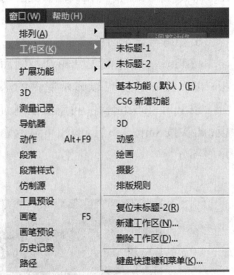

图1-25　自定义工作区的操作

8. 关闭面板

在一个面板的标题栏上右击，可以显示快捷菜单，选择"关闭"命令，可以关闭该面板。选择"关闭选项卡组"命令，可以关闭该面板组。对于浮动面板，则可单击右上角的 ✕ 按钮将其关闭。

1.2.6　图像编辑区

在Photoshop CS6中打开一个图像，会自动创建一个图像编辑窗口。如果打开了多个图像，则它们分别处于不同的选项卡中，如图1-26所示。单击一个文档的名称，可将其设置为当前操作的窗口，如图1-27所示。按Ctrl+Tab组合键，可以按照前后顺序切换窗口。按Ctrl+Shift+Tab组合键，可以按照反向的顺序切换窗口。

图1-26 打开多个图像

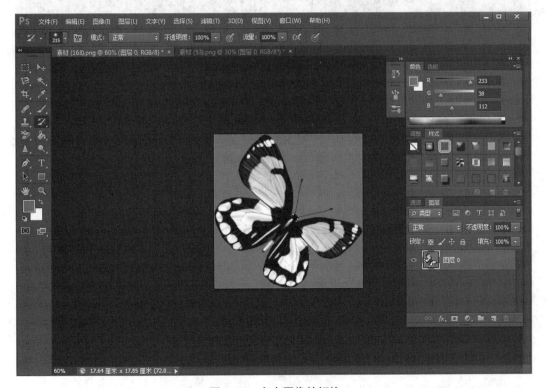

图1-27 多个图像的切换

单击一个窗口的标题栏并将其从选项卡中拖出，它便成为可以任意移动位置的浮动窗口，如图1-28所示。另外，将一个浮动窗口的标题栏拖动到选项卡中，当图像编辑区出现蓝色方框时释放鼠标，可以将窗口重新放回选项卡中。

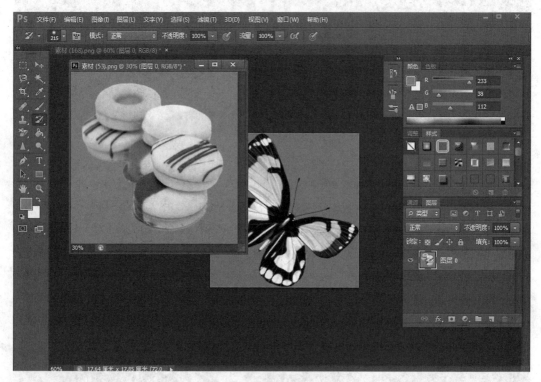

图1-28　图像窗口的移动

1.3 Photoshop CS6的基础应用

在Photoshop CS6中对图像文件进行编辑之前，首先需要了解如何新建、打开和保存图像等操作。因为图像文件的大小、变形效果、保存格式等，对作品有着最直接的影响。

1.3.1 新建图像

选择"文件"菜单"新建"命令，或按Ctrl+N组合键，弹出"新建"对话框，如图1-29所示。在对话框中可以设置新建图像的名称、宽度和高度、分辨率、颜色模式等选项，设置完成后单击"确定"按钮，完成新建的图像。如图1-30所示。

1.3.2 打开图像

选择"文件"菜单"打开"命令，或按Ctrl+O组合键，弹出"打开"对话框，在对话框

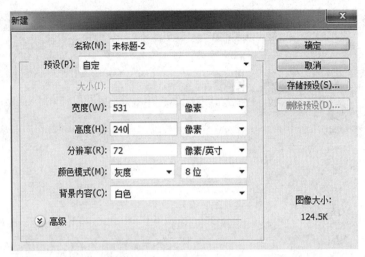

图1-29 "新建"对话框

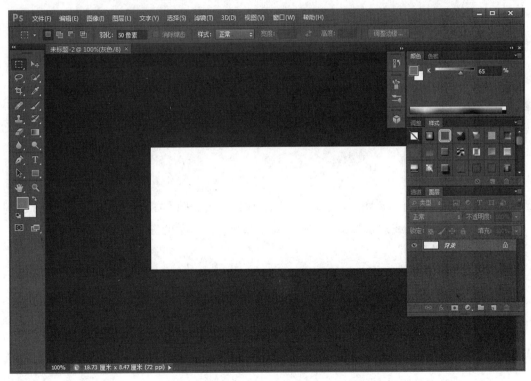

图1-30 新建图像

中选择路径和文件,确认文件类型和名称,如图1-31所示。然后单击"打开"按钮,或双击文件,即可打开所选择的图像。

1.3.3 保存图像

选择"文件"菜单"存储"命令,或按Ctrl+S组合键,可保存当前文件中的修改。选择

图1-31 "打开"对话框

"文件"菜单"存储为"命令,弹出"存储为"对话框,在此可设置保存位置、文件名、格式和存储选项,如图1-32所示。

1.3.4 关闭图像

选择"文件"菜单"关闭"命令,或按Ctrl+W组合键,可以关闭图像。关闭图像时,如果当前文件被修改过或是新建文件,则会弹出如图1-33所示的提示框,单击"是"按钮即可存储并关闭图像。

1.4 参数设定

由于每个人的工作习惯都不同,因此用户可以利用Photoshop CS6提供的参数设定功能,按照自己的喜好来设置选项,以设定适合自己的图像编辑环境。

参数设定在"编辑"菜单下的"首选项"子菜单中,其中的设置包括常规、界面、文件处理、性能、光标、透明度与色域、单位与标尺、文字等选项。对首选项所作的任何改变,在每次退出Photoshop CS6时,都会保存下来。

1.4.1 "常规"首选项

选择"编辑 | 首选项 | 常规"命令,打开"首选项"对话框,或按Ctrl+K组合键。如

图1-32 "保存"对话框

图1-33 "关闭"对话框

图1-34所示。

1. 拾色器

包括Windows和Adobe拾色器。Windows拾色器是一个比较简单的、适合非专业用户的拾色器,仅涉及基本的颜色,允许根据2种颜色模式选择需要的颜色;Adobe拾色器可根据4种颜色模式从整个色谱中选择颜色。

2. HUD拾色器

即平视显示器,用于设置平视显示器的拾色器。可以从右侧的下拉菜单中选择一种

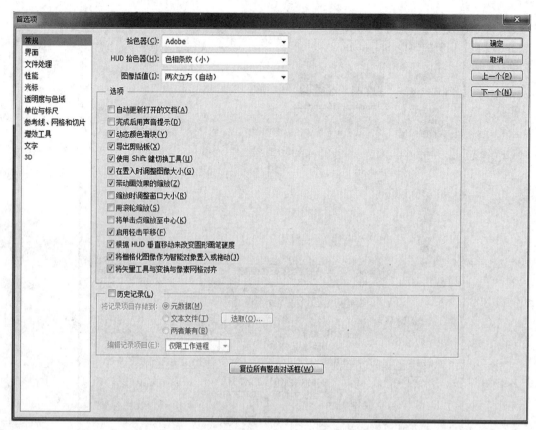

图1-34 "常规"首选项

拾色器。

3. 图像插值

通常在使用"图像大小"或"变换"命令来重定义图像像素时，Photoshop根据图像中当前像素的颜色值，使用插值的方法将颜色值分配给所有新的像素，而这个像素分配的过程是依据"图像插值"选项中的设定来实现的。

4. 选项

设置文档的相关选项，包括是否自动更新、是否使用提示音、是否导出剪贴板、缩放时是否显示动画效果等。

5. 历史记录

设置历史记录存储的方式和位置，可以是"元数据""文本文件"或"两者兼有"。

1.4.2 "界面"首选项

选择"编辑 | 首选项 | 界面"命令，打开"首选项"对话框。如图1-35所示。

1. 外观

指设置"标准屏幕模式""全屏（带菜单）模式"和"全屏"模式时，界面的颜色方案与边界效果。

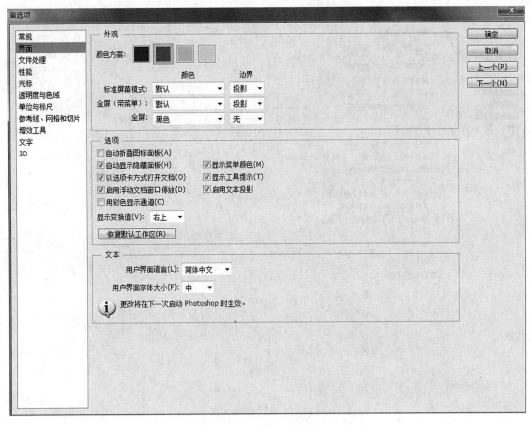

图1-35 "界面"首选项

2. 选项

用于设置界面中的一些细节,包括图像窗口的布局方式、是否显示工具提示信息、是否显示菜单颜色、是否自动折叠图标面板等。

3. 文本

用于设置用户界面的语言和文字大小,修改后须重新启动Photoshop方能生效。

1.4.3 "文件处理"首选项

选择"编辑 | 首选项 | 文件处理"命令,打开"首选项"对话框。如图1-36所示。

1. 文件存储选项

设置图像预览方式、文件扩展名的大小写及文件的存储方式等。

2. 文件兼容性

用于设置处理不同格式文件时的兼容性问题,包括是否忽略EXIF配置文件标记、存储分层TIFF文件之前是否弹出提示等。

3. Adobe Drive选项

设置是否启用Adobe Drive工作组和最近使用的文件列表中显示的文件个数。

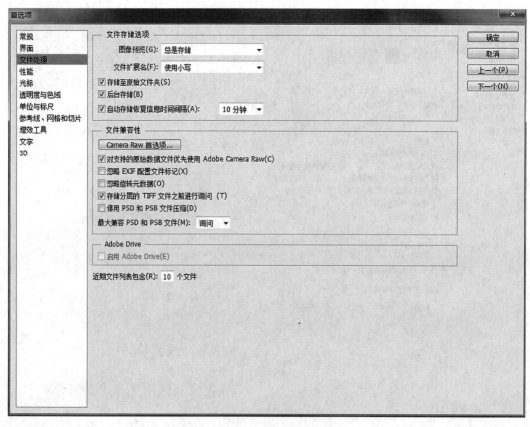

图 1-36　"文件处理"首选项

1.4.4　"性能"首选项

选择"编辑 | 首选项 | 性能"命令,打开"首选项"对话框。如图 1-37 所示。

1. 内存使用情况

显示"可用内存"和"理想范围"信息,可以通过"让 Photoshop 使用"右侧的文本框来设置分配给 Photoshop 的内存量。设置完成后需要重新启动 Photoshop 方可生效。

2. 历史记录与高速缓存

用于设置"历史记录"面板中所能保存的历史记录的最大数量,默认值为 20,表示可以保存 20 步的历史记录信息。另外可设置图像数据的高速缓存级别的数量,选择的高速缓存级别越多,则速度越快;选择的高速缓存级别越少,则品质越高。

3. 暂存盘

如果系统没有足够内存来执行某项操作,则将使用专有的虚拟内存技术,即暂存盘。

4. 图形处理器设置

选中该复选框,可以启用 OpenGL 绘图功能,以便使用 Photoshop CS6 新增加的一些功能。

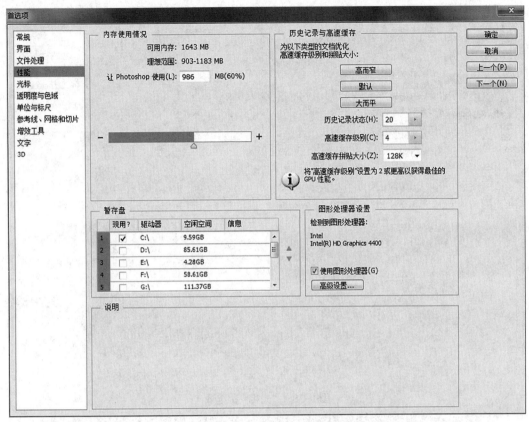

图1-37 "性能"首选项

1.4.5 "光标"首选项

选择"编辑 | 首选项 | 光标"命令,打开"首选项"对话框。如图1-38所示。

1. 绘画光标

用于设置使用绘画工具时,光标在画面中的显示状态,以及光标中心是否显示为十字线。可以利用键盘上的Caps Lock键来进行不同光标的切换。

2. 其他光标

用于设置在使用其他工具时,光标在画面中的显示状态。

3. 画笔预览

用于指定画笔预览的颜色。

1.4.6 "透明度与色域"首选项

选择"编辑 | 首选项 | 透明度与色域"命令,打开"首选项"对话框。如图1-39所示。

1. 透明区域设置

图像中的背景为透明区域时,会显示为棋盘状的网格。"网格大小"和"网格颜色"可分别设置棋盘的格子大小和颜色。

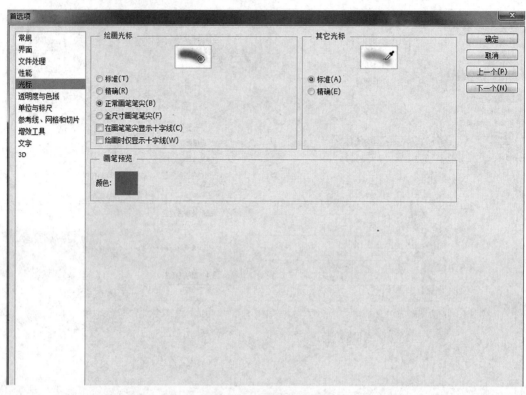

图1-38 "光标"首选项

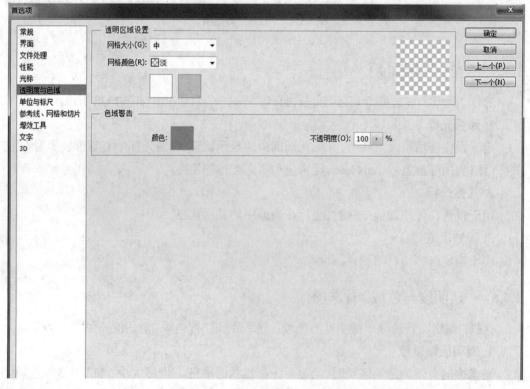

图1-39 "透明度与色域"首选项

2. 色域警告

是某个可被显示或打印的颜色系统的颜色范围,将不能打印出来的颜色称为"溢色",色域警告就是警告当前图像中有多少"溢色"。

1.4.7 "单位与标尺"首选项

选择"编辑 | 首选项 | 单位与标尺"命令,打开"首选项"对话框。如图1-40所示。

1. 单位

设置标尺和文字的单位。

2. 列尺寸

设置裁剪和图像大小所用的列宽、单位和所用的装订线宽度、单位。

3. 新文档预设分辨率

设置新建文档时预设的打印分辨率和屏幕分辨率。

4. 点/派卡大小

当图像中含有TrueType型文字并从PostScript打印机输出时,选择PostScript较好;如果需要按照传统方式来指定图像的大小,则应选择"传统"。

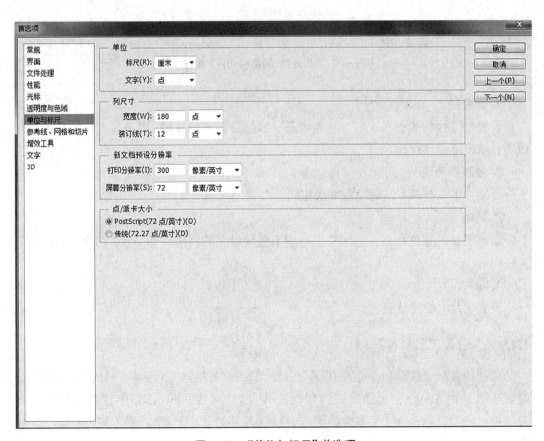

图1-40 "单位与标尺"首选项

1.4.8 "参考线、网格和切片"首选项

选择"编辑︱首选项︱参考线、网格和切片"命令,打开"首选项"对话框。如图1-41所示。

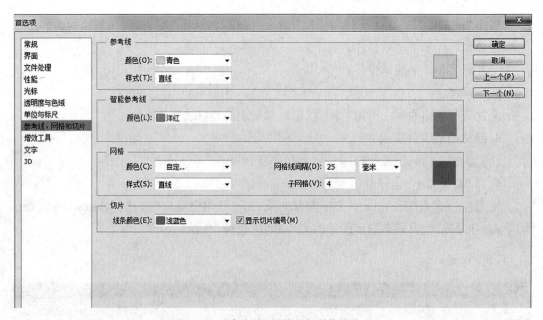

图1-41 "参考线、网格和切片"首选项

1. 参考线

设置参考线的颜色和式样。参考线是一种辅助制图的直线,用于在工作过程中对图像进行精确定位和对齐。

2. 智能参考线

智能参考线与参考线的设置方法相同。

3. 网格

设置网格的颜色和式样。网格也是用来辅助绘图的网格状辅助线,它位于图像的最上层。

4. 切片

设置切片上的线条颜色。

1.4.9 "增效工具"首选项

选择"编辑︱首选项︱增效工具"命令,打开"首选项"对话框。如图1-42所示。增效工具是由Adobe公司和第三方软件商开发的,可在Photoshop中使用外挂滤镜或者插件。在默认状态下,大多数的第三方特殊效果增效工具都安装在"Plug-Ins"文件夹中。

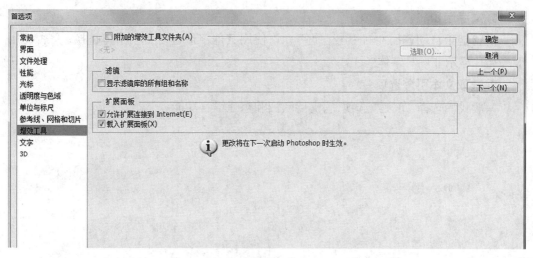

图1-42 "增效工具"首选项

1. 附加的增效工具文件夹

可以设定系统中另外一个增效工具的地址目录,同时在Photoshop CS6的"滤镜"菜单中显示。

2. 滤镜

设置是否显示滤镜库中的所有组和名称。

3. 扩展面板

设置是否允许Photoshop扩展面板连接到Internet以获取新内容和更新程序;选中"载入扩展面板"表示启动时载入已安装的扩展面板。

1.4.10 "文字"首选项

选择"编辑 | 首选项 | 文字"命令,打开"首选项"对话框。如图1-43所示。

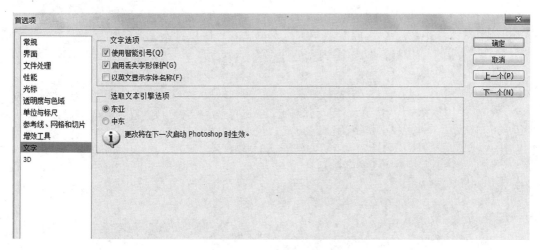

图1-43 "文字"首选项

1. 文字选项

设置是否自动替换左右引号；是否允许使用其他字形进行自动字体替换；是否使用罗马名称显示非罗马字体。

2. 选取文本引擎选项

一般我们选择"东亚"选项，它支持欧洲和东亚语言功能。

第2章

选区、绘图和修饰

2.1 选区工具的使用

要编辑图像,首先要进行选择图像的操作。在 Photoshop CS6 中,对图像中的区域进行修改由两部组成:首先使用某种选取工具来选择要修改的图像区域,然后使用其他工具、滤镜或功能进行修改。可以基于大小、形状或颜色来创建选区。若在图像中创建了选区,可以将修改限制在选区内,而其他区域不受影响。

对特定区域而言,使用哪种选取工具取决于该区域的特征,有3种类型的选取工具可供使用。

1. 几何选取工具

使用矩形选框工具在图像中选择矩形区域;椭圆选框工具用于选择椭圆形区域;单行选框工具和单列选框工具分别用于选择一行和一列像素。如图2-1所示。

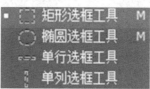

图2-1　几何选取工具

2. 手绘选取工具

可以拖拽套索工具来生成手绘选区;使用多边形套索工具可以通过单击设置锚点,进而创建由线段环绕而成的选区;磁性套索工具适合在要选择的区域同周边区域有强烈的对比度时使用。如图2-2所示。

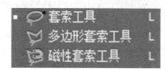

图2-2　手绘选取工具

3. 基于边缘或颜色的选取工具

快速选择工具自动查找边缘并以边缘为边界建立选区;魔棒工具基于相邻像素颜色的相似性来选择图像中的区域,用于在选择形状古怪但颜色在特定范围内的区域。如图2-3所示。

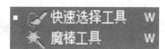

图2-3　基于边缘或颜色的选取工具

2.1.1 选框工具

选择"矩形选框"工具 ▦,或反复按 Shift+M 组合键,其选项栏如图2-4所示。

新选区 ▣:去除旧选区,绘制新选区。

| ▦ ▾ | ▣ ▣ ▣ ▣ | 羽化: 0像素 | ☐消除锯齿 | 样式: 正常 ▾ | 宽度: | ⇄ | 高度: | 调整边缘... |

图2-4　"矩形选框"工具选项栏

添加到选区 ⬜：在原有选区上增加新选区。

从选区减去 ⬜：在原有选区上减去新选区的部分。

与选区交叉 ⬜：选择新旧选区重叠的部分。

羽化：用于设定选区边界的羽化程度。

消除锯齿：用于清除选区边缘的锯齿。

样式：用于选择类型。

绘制矩形选区：选择新选区 ⬜，在图像中适当的位置单击并按住鼠标，向右下方拖拽到适当位置释放鼠标，完成矩形选区的绘制。如图2-5所示。

拖拽的同时按住 Shift 键，在图像中可以绘制出正方形选区，如图2-6所示。

图2-5　矩形选区

图2-6　正方形选区

设置矩形选区的比例：在"矩形选框"工具的选项栏中，选择"样式"选项下拉列表中的"固定比例"，将"宽度"选项设为1，"高度"选项设为2，如图2-7所示。在图像中绘制固定比例的选区，效果如图2-8所示。

单击"高度和宽度互换"按钮，可以置换高度和宽度的数值，互换后的选区效果如图2-9所示。

图2-7　"固定比例"的样式

图2-8　"固定比例"的选区　　　　图2-9　高度和宽度互换

在"样式"选项下拉列表中还可选择"固定大小",如图2-10所示。在"宽度"和"高度"选项中输入数值,单位只能是像素。

图2-10 "固定大小"的样式

2.1.2 套索工具

选择"套索"工具 ，或反复按Shift+L组合键,其选项栏如图2-11所示。

图2-11 "套索"工具选项栏

选择新选区 ，在图像中适当的位置单击并按住鼠标,在人形的周围拖拽进行绘制,释放鼠标后选择区域自动封闭生成选区,效果如图2-12所示。

图2-12 套索选区效果

2.1.3 魔棒工具

选择"魔棒"工具 ，或反复按Shift+W组合键,其选项栏如图2-13所示。

图2-13 "魔棒"工具选项栏

取样大小：用于设置取样范围的大小。

容差：用于控制色彩的范围，数值越大，可容许的颜色范围就越大。

连续：用于选择单独的色彩范围。

对所有图层取样：用于将所有可见图层中颜色允许范围内的色彩加入选区。

选择新选区 ■，在图像中单击需要选择的颜色区域，即可得到需要的选区，如图2-14所示。

调整选项栏中的容差值，再次单击需要选择的区域，不同容差值的选区效果，如图2-15所示。

图2-14　魔棒选区效果　　　　　　　图2-15　容差值调整后的选区

2.2　选区的操作

在创建选区后，可以对选区进行一系列的操作，如移动选区、调整选区、羽化选区等。

2.2.1　移动选区

将光标置于选区内，按住鼠标左键不放进行拖动即可移动选区，选区移动前如图2-16所示。

选区移动后如图2-17所示。

图2-16 选区移动前   图2-17 选区移动后

2.2.2 取消选区

选择"选择 | 取消选择"命令,或按Ctrl+D组合键,可以取消选区。

2.2.3 全选和反选选区

全选:选择所有像素,即将图像中的所有图像全部选取。选择"选择 | 全部"命令,或按Ctrl+A组合键,可以选取全部图像。

反选:选择"选择 | 反向"命令,或按Ctrl+Shift+I组合键,可以对当前的选区进行反向选取。

2.2.4 选取相似

选择"选择 | 选取相似"命令,可以选择与当前选区颜色相似的像素。"选取相似"命令基于魔棒工具选项栏中的"容差"决定其选区的扩展范围,容差值越大,扩展范围越广。

2.2.5 羽化选区

羽化通过在选区与其周边像素之间建立过渡边界来模糊边缘,使边缘更光滑。在前面所讲述的创建选区工具选项栏中基本都有"羽化"选项,在该文本框中输入数值即可创建边缘柔滑的选区。数值越大,柔滑效果越明显,同时选区形状也会发生一定变化。

另外选择"选择 | 修改 | 羽化"命令,也可以控制羽化范围的大小。

2.2.6 显示与隐藏选区

创建选区后,选择"视图 | 显示 | 选区边缘"命令,或者按Ctrl+H组合键,可以隐藏选区。此时选区虽然不见了,但它仍然存在,再次按下Ctrl+H组合键可以重新显示选区。

2.2.7 应用案例一

案例一:单只蝴蝶变两只蝴蝶

先利用选区工具抠取出蝴蝶轮廓,然后将选区中的图像移动到背景图像中,最后调整其大小,完成蝴蝶合成。

具体步骤如下:

(1)打开一个素材文件如图2-18所示。

(2)打开另一个素材文件,使用"快速选择工具" 在蝴蝶区域涂抹创建选区,如图2-19所示。

图2-18 单只蝴蝶   图2-19 "快速选择工具"创建选区

(3)选择工具箱中的"移动工具" ,将选区内的蝴蝶图像拖动到背景图像中,如图2-20所示。

(4)选择"编辑 | 自由变换"命令,调整图像大小,按Enter键确认,效果如图2-21所示。

图2-20 使用"移动工具"后的效果   图2-21 调整图像大小

2.3 绘图工具的使用

Photoshop CS6作为一款专业的图像处理软件,绘图和修饰功能是它的强项。用户不仅可以对图像进行各种各样的调整,还可以使用各种绘图工具来对图像进行再次的修饰和创作。

2.3.1 画笔工具

画笔、铅笔、颜色替换和混合器画笔工具是Photoshop CS6提供的画笔工具,使用它们可以绘制和修改像素。

"画笔工具"类似于传统的毛笔,用于涂抹颜色。画笔的笔触形态、大小及材质都可以随意调整。画笔工具组如图2-22所示。

图2-22 画笔工具组

选择"画笔工具" ,或反复按Shift+B组合键,其选项栏如图2-23所示。

图2-23 "画笔工具"选项栏

画笔预设:用于设置画笔的大小、硬度和笔触。单击下三角按钮 ,打开画笔预设面板,如图2-24所示。"大小"值越大,笔触就越粗;"硬度"值越大,绘制的效果越生硬。

模式:用于选择画笔笔触颜色与下面现有像素的混合模式。

不透明度:用于设置画笔的不透明度,该值越低,线条的透明度越高。

图2-24 画笔预设面板

流量：用于指定画笔的流动速率。

喷枪 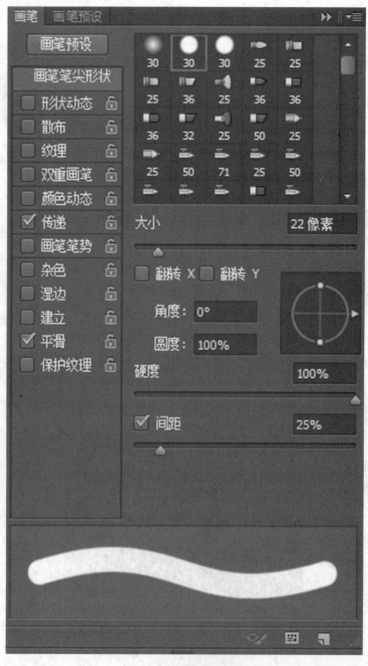：单击喷枪可将画笔用作喷枪。

绘图压力 ：单击该按钮可以覆盖"画笔"面板中的"不透明度"和"大小"的设置。

画笔除了可以在选项栏中进行设置外，还可以通过"画笔"面板进行更丰富的设置。

选择"窗口 | 画笔"命令，或直接按F5键可以调出"画笔"面板，如图2-25所示。

图2-25　"画笔"面板

"画笔工具"是绘图中使用最为频繁的工具，一般来说"铅笔工具"能绘出的效果，画笔都能完成，所以在实际使用中，"画笔工具"使用率要高很多。

2.3.2 历史记录画笔工具

"历史记录画笔工具"可以将图像恢复到编辑过程中的某一步骤状态，或将部分图像恢复为原样。该工具需要配合"历史记录面板"一同使用。历史记录画笔工具组如图2-26所示。

图2-26 历史记录画笔工具组

选择"历史记录画笔工具" ，其选项栏如图2-27所示。

图2-27 "历史记录画笔"选项栏

打开一张图片，如图2-28所示。

执行"图像|调整|去色"命令，效果如图2-29所示。

图2-28 彩色图像

图2-29 去色后的图像

选择"历史记录画笔工具" ，然后在人物上进行涂抹，人物图像就逐步恢复到编辑前的样子。如图2-30所示。

"历史记录艺术画笔工具" 的使用方法与"历史记录画笔工具"完全相同，唯一不同的是"历史记录艺术画笔工具"对图像涂抹后，形成一种特殊的艺术笔触效果。

图2-30 人物色彩恢复后的图像

2.3.3 渐变工具

建立选区后，可以使用渐变工具、油漆桶工具进行填充颜色或图案。渐变工具组如图2-31所示。

图2-31　渐变工具组

1. 渐变工具

"渐变工具"的应用非常广泛，它不仅可以填充图像，还可以填充图层蒙版、快速蒙版和通道。此外，调整图层和填充图层也会用到渐变。

选择"渐变工具"工具 ▢▾ ，或反复按Shift+G组合键，其选项栏如图2-32所示。

图2-32　"渐变工具"选项栏

渐变颜色条中显示当前的渐变颜色，单击它右侧的下箭头，可以在打开的下拉面板中选择一个预设的渐变。如果直接单击渐变颜色条，则会弹出渐变编辑器。

渐变类型包括以下几种：

线性渐变 ▢：可创建以直线从起点到终点的渐变。

径向渐变 ▢：可创建以圆形图案从起点到终点的渐变。

角度渐变 ▢：可创建围绕起点以逆时针扫描方式的渐变。

对称渐变 ▢：可创建实用均衡的线性渐变在起点的任意一侧渐变。

菱形渐变 ▢：以菱形方式从起点向外渐变。

模式：用于设置应用渐变时的混合模式。

不透明度：用于设置渐变效果的不透明度。

反向：可转换渐变中的颜色顺序，得到反方向的渐变效果。

仿色：可使渐变效果更加平滑。

透明区域：可以创建包含透明像素的渐变。

打开一张图片，如图2-33所示。

使用"魔棒工具"单击选择背景部分，选择工具箱中的"渐变工具"，在其选项栏中选择渐变颜色为"色谱"，渐变方式为"线性渐变"，在图片左上角按住鼠标左键拖动到右下角，释放鼠标即可为选区填充相应的渐变颜色，执行"选择 | 取消选择"命令，填充效果如图2-34所示。

图2-33 渐变颜色填充前

图2-34 渐变颜色填充后

如果自定义渐变形式和色彩，可以单击 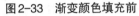 按钮，在弹出的"渐变编辑器"对话框中进行设置，如图2-35所示。

在"渐变编辑器"对话框中，单击颜色编辑框下方的适当位置，可以增加颜色色标，如图2-36所示。

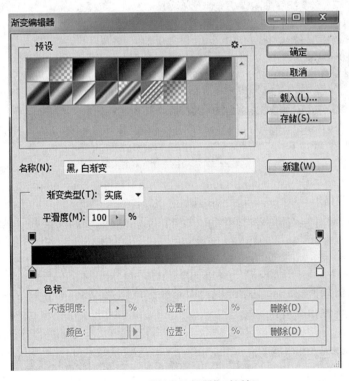

图2-35 "渐变编辑器"对话框

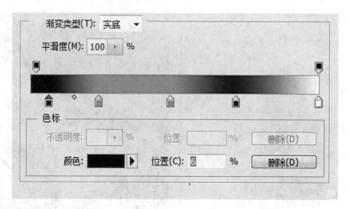

图2-36 颜色色标设置

颜色可以进行调整,在对话框下方的"颜色"选项中选择颜色,弹出"拾色器"对话框,如图2-37所示。在其中选择合适的颜色来改变颜色。

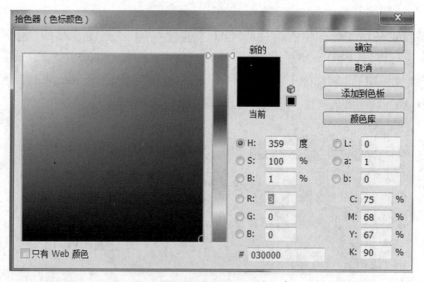

图2-37 "拾色器"对话框

2. 油漆桶工具

"油漆桶工具"是一种方便、快捷的填充工具,可以根据图像的颜色容差填充颜色或图案。

选择"油漆桶工具" ,或反复按Shift+G组合键,其选项栏如图2-38所示。

前景 :在其下拉列表中选择填充前景颜色或图案。

:用于选择定义好的图案。

图2-38 "油漆桶工具"选项栏

模式：用于选择着色的模式。

不透明度：用于设定不透明度。

容差：用于设定色差的范围，数值越大，容差越大。

所有图层：用于选择是否对所有可见图层进行填充。

打开一张图片，如图2-39所示。

选择工具箱中的"油漆桶工具"，设置前景色为紫色，将光标移到背景处，单击鼠标即可填充，效果如图2-40所示。

图2-39　背景填充前

图2-40　背景填充后

2.3.4　应用案例二

案例二：自定义画笔

（1）使用快速选择工具创建选区，单击图像中的海鸥，直至选择全部海鸥区域。如图2-41所示。

图2-41　创建选区

（2）选择"编辑 | 自定义画笔预设"命令，弹出"画笔名称"对话框，如图2-42所示。输入名称"海鸥"，单击确定按钮。

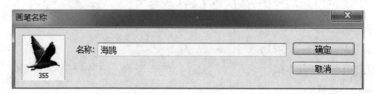

图2-42　"画笔名称"对话框

（3）选择"文件 | 新建"命令，弹出"新建"对话框，将"预设"设为"自定"，将宽度和高度设置为30厘米。如图2-43所示。

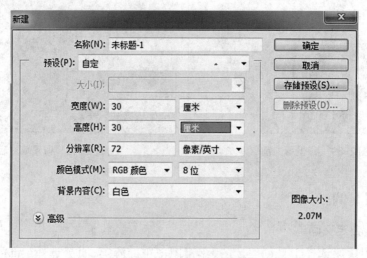

图2-43　"新建"对话框

（4）选择"编辑 | 填充"命令，弹出"填充"对话框，将"使用"设置为"颜色"，不透明度设为70%。如图2-44所示。

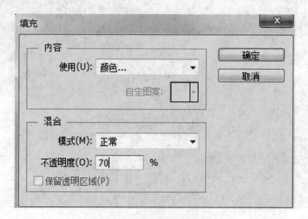

图2-44　"填充"对话框

（5）在工具箱中选择画笔工具，在选项栏中打开画笔预设面板，在画笔预设列表框的最后，可以找到定义的海鸥形状的画笔，将"大小"设为100像素，如图2-45所示。

图2-45　画笔预设面板

（6）在刚刚设置的"背景"上单击，一只海鸥就印在背景图像上了，重复单击，即可得到一组效果。如图2-46所示。

图2-46　海鸥形状的画笔效果

2.4　修复工具的使用

Photoshop CS6提供了大量专业的图片修复工具，包括仿制图章工具、修补工具、内容感知工具、红眼工具等。使用这些工具可以快速修复图像中的污点和瑕疵。

2.4.1 仿制图章工具

"仿制图章工具" 🎚️ 利用Alt辅助键进行取样,然后在其他位置拖动鼠标,可以将指定的图像区域像盖章一样,复制到指定的其他区域中。仿制图章工具组如图2-47所示。

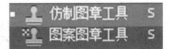

图2-47 仿制图章工具组

选择"仿制图章工具",或反复按Shift+S组合键,其选项栏如图2-48所示。

图2-48 "仿制图章工具"选项栏

仿制图章工具的选项栏与画笔工具的选项栏大致相同,多了"对齐"和"样本"选项。

🎚️:用于打开"画笔"面板。

🎚️:用于打开"仿制源"面板。

对齐:勾选该复选框可以连续对对象进行取样。

样本:用于选择指定的图层,进行数据取样。

打开一张图片,如图2-49所示。

注意下方零散的豆子,选择"仿制图章工具",将光标移到要采样的目标位置,按住Alt键单击鼠标进行采样,采样完毕后释放Alt键,将光标指向图像中要修复的位置,单击鼠标并进行涂抹。如图2-50所示。

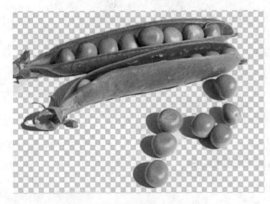

图2-49 使用仿制图章工具前

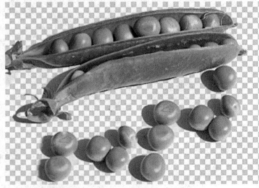

图2-50 使用仿制图章工具后

2.4.2 修复画笔工具

"修复画笔工具"与"仿制图章工具"类似,可以利用图像或图案中的样本像素来

绘画，在修饰小部分图像时常会用到。该工具可用于在修
饰区域的周边取样，并将样本的纹理、光照、透明度及阴
影度等与所修复的像素匹配，从而去除照片中的污点和划
痕。修复画笔工具组如图2-51所示。

选择"修复画笔工具"或反复按Shift+J组合键，其选项
栏如图2-52所示。

图2-51　修复画笔工具组

图2-52　"修复画笔工具"选项栏

模式：在下拉列表中可以设置修复图像的混合模式。

源：用于修复像素的源，选择"取样"可以从图像的像素上取样。

图案：可以在下拉列表中选择一个图案作为取样，效果类似于使用图案图章绘制
图案。

对齐：选择复选框，下一次的复制位置会和前一次的完全重合，图像不会出现错位。

打开一张图片，如图2-53所示。在人物嘴角处有两颗黑痣。

选择"修复画笔工具"，按住Alt键单击取样的颜色，选择合适的像素源，然后释放Alt
键，在黑痣上涂抹，黑痣就被像素源覆盖了。如图2-54所示。

图2-53　图像修复前

图2-54　图像修复后

2.4.3　应用案例三

案例三：使用修补工具去除杂物

（1）打开素材文件如图2-55所示。使用修补工具去除小船。

（2）按住Ctrl+空格键的同时在图像上单击，以放大局部。选择修补工具 ，沿小船
周边拖动，以选取该区域。如图2-56所示。

（3）拖动选区到源区域，释放鼠标左键，以完成取样。如图2-57所示。

图2-55　有小船的水面

图2-56　选取修补区域

图2-57　取样过程

（4）按Ctrl+D组合键取消选区，以完成修补。采取上述方法去除其他小船。如图2-58所示。

图2-58　去除小船后效果

2.5 润饰工具的使用

使用工具箱中的模糊工具组和减淡工具组,可以对图像中的像素进行编辑,如改善图像的细节、色调、曝光和色彩饱和度等。

2.5.1 模糊工具

"模糊工具"   可以柔滑图像,减少图像细节;"锐化工具"  可以增加图像中相邻像素之间的对比,提高图像的清晰度。模糊工具组如图2-59所示。

图2-59 模糊工具组

选择"模糊工具",或反复按Shift+R组合键,其选项栏如图2-60所示。

图2-60 "模糊工具"选项栏

强度:用于设置工具的强度。

对所有图层取样:用于确定模糊工具是否对所有可见图层起作用。

模糊工具和锐化工具的选项栏基本相同,只是锐化工具多了一个"保护细节"选项。

选择这两个工具后,在图像中进行涂抹即可。

使用"模糊工具"处理过的图像如图2-61所示。

使用"锐化工具"处理过的图像如图2-62所示。

图2-61 模糊处理后

图2-62 锐化处理后

2.5.2 减淡工具

"减淡工具" 🔍 ▾ 可以对图像进行加光处理,达到让图像颜色减淡的效果。"加深工具" 👁 ▾ 与减淡工具相反,可以对图像进行变暗处理,达到让图像颜色加深的效果。它们的工具选项栏是相同的。减淡工具组如图2-63所示。

图2-63 减淡工具组

选择"减淡工具",或反复按Shift+O组合键,其选项栏如图2-64所示。

🔍 ▾ ⚫ ▾ 👤 | 范围:[中间调 ⇕] 曝光度:[50% ▾] 🖌 | ☑ 保护色调 | 🖌

图2-64 "减淡工具"选项栏

范围:用于设定图像中需要提高亮度的区域。

曝光度:用于设定曝光的强度,该值越高,效果越明显。

使用减淡工具处理图像后的效果如图2-65所示。

使用加深工具处理图像后的效果如图2-66所示。

图2-65 减淡处理后

图2-66 加深处理后

2.6 擦除工具

擦除工具用于擦除图像,Photoshop CS6提供了3种擦除工具:橡皮擦工具、背景橡皮擦工具和魔术橡皮擦工具,橡皮擦会因设置的选项不同而具有不同的用途,另外两种橡皮擦主要用于去除图像的背景。擦除工具组如图2-67所示。

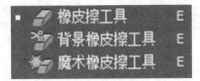

图2-67 擦除工具组

2.6.1 橡皮擦工具

选择"橡皮擦工具" ，或反复按Shift+E组合键，其选项栏如图2-68所示。

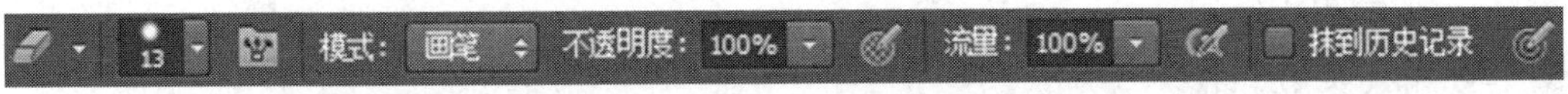

图2-68 "橡皮擦工具"选项栏

模式：用于选择擦除的笔触方式。

不透明度：设置擦除强度，100%的不透明度可以完全擦除像素，较低的不透明度将部分擦除像素。

流量：用于控制涂抹速度。

抹到历史记录：用于以"历史"控制面板中确定的图像状态来擦除图像。

使用橡皮擦工具：在图像中单击并按住鼠标拖拽即可擦除图像。

擦除前效果如图2-69所示。

擦除后效果如图2-70所示。

图2-69 擦除前效果

图2-70 擦除后效果

2.6.2 背景橡皮擦工具

选择"背景橡皮擦工具" ，或反复按Shift+E组合键，其选项栏如图2-71所示。

取样 ：用于设置取样方式。"连续"按钮表示可连续对颜色取样，凡是出现在光标中心十字线内的图像都会被擦除，"一次"按钮表示只擦除包含第一次单击点颜色的图像，"背景色板"按钮表示只擦除包含背景色的图像。

图2-71 "背景橡皮擦工具"选项栏

限制：用于选择擦除界限。

容差：用于设定容差值。低容差仅限于擦除与样本颜色非常相似的区域，高容差可擦除范围更广的颜色。

保护前景色：用于保护前景色不被擦除。

设置背景橡皮擦工具参数，"取样"为"一次"，"限制"为"查找边缘"，容差为60%的擦除前效果如图2-72所示。

擦除后效果如图2-73所示。

图2-72 擦除前效果

图2-73 擦除后效果

第3章

图层的应用

在Adobe Photoshop中，可以使用图层将图像的不同部分分开。这样每个图层都可以作为独立的图稿进行编辑，为合成和修订图像提供了极大的灵活性。

操作图层类似于排列多张透明胶片上的绘画部分，并通过投影仪查看它们。可对每张透明胶片编辑、删除和调整其位置，而不会影响其他的透明胶片。堆叠透明胶片后，整个合成图便显示出来了。

本章将系统地介绍图层的基本操作、图层组和图层使用。

3.1　图层控制面板和命令菜单

3.1.1　"图层"控制面板

"图层"控制面板列出了图像中所有图层、组和图层效果，如图3-1所示。使用"图层"控制面板可以搜索图层、显示和隐藏图层、创建新图层及处理图层组等。

（1）图层搜索功能：在 类型 框中可以选取6种不同的搜索方式。

① 类型：可以通过单击"像素图层"按钮 、"调整图层"按钮 、"文字图层"按钮 、"形状图层"按钮 和"智能对象"按钮 来搜索需要的图层类型。

图3-1　"图层"控制面板

② 名称 名称 ：可以通过在右侧的框中输入图层名称来搜索图层。

③ 效果 效果 斜面和浮雕 ：通过图层应用的图层样式来搜索图层。

④ 模式 模式 正常 ：通过图层设定的混合模式来搜索图层。

⑤ 属性 属性 可见 ：通过图层的可见性、锁定、链接、混合、蒙版等属性来搜索图层。

⑥ 颜色 颜色 红色 ：通过不同的图层颜色来搜索图层。

（2）图层混合模式 正常 ：用于设定图层的混合模式，共包含27种混合模式。

（3）不透明度 不透明度: 100% ：用于设定图层的不透明度。

（4）填充 填充: 100% ：用于设定图层的填充百分比。

（5）眼睛图标 ：用于打开或隐藏图层中的内容。

（6）在"图层"控制面板的上方有4个工具图标，如图3-2所示。

图3-2 "图层"控制面板上方工具图标

① 锁定透明像素 ：用于锁定当前层中的透明区域，使透明区域不能被编辑。

② 锁定图像像素 ：使当前图层和透明区域不能被编辑。

③ 锁定位置 ：使当前图层不能被移动。

④ 锁定全部 ：使当前图层或序列完全被锁定。

（7）在"图层"控制面板的下方有7个工具图标，如图3-3所示。

图3-3 "图层"控制面板下方工具图标

① 锁链图标 ：使所选图层和当前图层成为一组。

② 添加图层样式 ：为当前图层添加图层样式效果。

③ 添加图层蒙版 ：将在当前层上创建一个蒙版。

④ 创建新的填充或调整图层 ：可对图层进行颜色填充和效果调整。

⑤ 创建新组 ：用于新建一个文件夹，可在其中放入图层。

⑥ 创建新图层 ：用于在当前图层上方创建一个新层。

⑦ 删除图层 ：可以将不需要的图层拖到此处进行删除。

3.1.2 图层命令菜单

单击"图层"控制面板右上方的图标 ，即弹出其命令菜单，如图3-4所示。

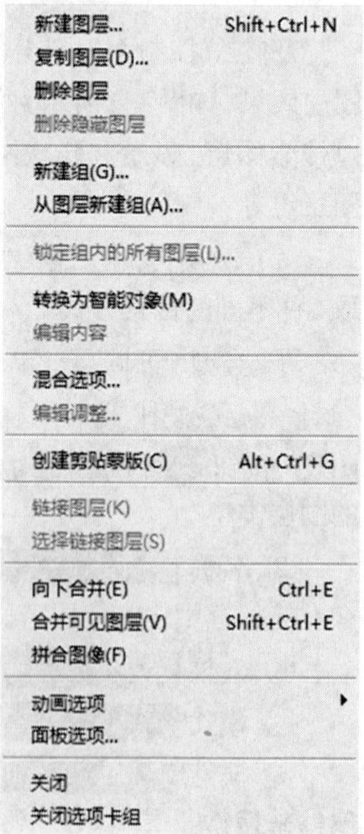

新建图层...	Shift+Ctrl+N
复制图层(D)...	
删除图层	
删除隐藏图层	
新建组(G)...	
从图层新建组(A)...	
锁定组内的所有图层(L)...	
转换为智能对象(M)	
编辑内容	
混合选项...	
编辑调整...	
创建剪贴蒙版(C)	Alt+Ctrl+G
链接图层(K)	
选择链接图层(S)	
向下合并(E)	Ctrl+E
合并可见图层(V)	Shift+Ctrl+E
拼合图像(F)	
动画选项	▶
面板选项...	
关闭	
关闭选项卡组	

图3-4 命令菜单

3.2 图层的基本操作

图层的基本操作包括新建图层、复制图层、删除图层、图层的显示和隐藏、图层的选择、链接和排列、合并图层等。

3.2.1 图层的新建、复制、删除和重命名

1.新建图层

（1）使用控制面板弹出式菜单。

单击"图层"控制面板右上方的图标 ，即弹出其命令菜单，如图3-4所示。选择"新建图层"命令，弹出"新建图层"对话框，如图3-5所示。

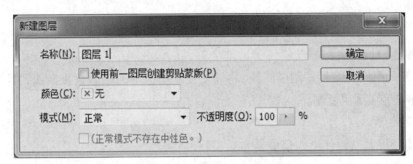

图3-5 "新建图层"对话框

名称：用于设定当前图层的名称，可以选择"使用前一图层创建剪贴蒙版"。

颜色：用于设定当前图层的颜色。

模式：用于设定当前图层的合成模式。

不透明度：用于设定当前图层的不透明度值。

（2）使用控制面板按钮或快捷键。

单击"图层"控制面板下方的"创建新图层"按钮 ，可以创建一个新图层。按住Alt键并单击"创建新图层"按钮 ，将弹出"新建图层"对话框。

（3）使用"图层"菜单命令。

选择"图层丨新建丨图层"命令，弹出"新建图层"对话框。

（4）使用快捷键。

按Shift+Ctrl+N组合键，也可以弹出"新建图层"对话框。

2.复制图层

（1）使用控制面板弹出式菜单。

单击"图层"控制面板右上方的图标 ，即弹出其命令菜单，选择"复制图层"命令，弹出"复制图层"对话框，如图3-6所示。

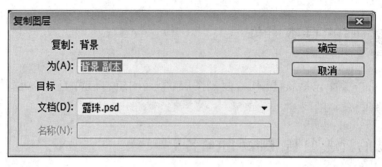

图 3-6 "复制图层"对话框

（2）使用控制面板按钮。

将需要复制的图层拖拽到控制面板下方的"创建新图层"按钮 上，可以将所选的图层复制为一个新图层。

（3）使用菜单命令。

选择"图层 | 复制图层"命令，弹出"复制图层"对话框。

（4）使用拖拽方法。

打开目标图像和需要复制的图像，将需要复制图像中的图层直接拖拽到目标图像的图层中，即可完成图层复制。

3. 删除图层

（1）使用控制面板弹出式菜单。

单击"图层"控制面板右上方的图标 ，即弹出其命令菜单，选择"删除图层"命令，弹出提示对话框，如图 3-7 所示。

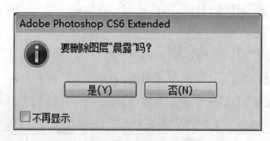

图 3-7 "删除图层"提示对话框

（2）使用控制面板按钮。

选中要删除的图层，单击"控制面板"下方的"删除图层"按钮 ，即可删除图层，或将需要删除的图层直接拖拽到"删除图层"按钮 上进行删除。

（3）使用菜单命令。

选择"图层 | 删除 | 图层"命令，即可删除图层。

4. 重命名图层

在"图层"控制面板中双击需要重命名的图层，输入新名称并按回车键，即可修改该

图层名称。还可以通过选择"图层 | 重命名图层"命令,修改该图层名称。

3.2.2 图层的显示和隐藏

1. 图层的显示

单击"图层"控制面板中任意图层左侧的眼睛图标 👁 ,即可隐藏或显示这个图层。

2. 图层的隐藏

按住 Alt 键并单击"图层"控制面板中任意图层左侧的眼睛图标 👁 ,此时图层控制面板中将只显示这个图层,其他图层被隐藏。

3.2.3 图层的选择、链接和排列

1. 选择图层

选择图层有以下两种方法。

(1)单击"图层"控制面板中的任意一个图层,即可选择这个图层。

(2)选择"移动"工具 ➕ ,右击窗口中的图像,弹出一组供选择的图层选项菜单,选择所需要的图层即可。

2. 链接图层

当要同时对多个图层中的图像进行操作时,可以将多个图层进行链接以方便操作。选中要链接的图层,如图3-8所示。单击"图层"控制面板下方的"链接图层"按钮 🔗 ,选中的图层即被链接,如图3-9所示。再次单击"链接图层"按钮,可取消链接。

图3-8 选中要链接的图层

图3-9 链接图层

3. 排列图层

排列图层有以下两种方法。

（1）单击"图层"控制面板中的任意图层并按住鼠标不放，拖拽可将其调整到其他图层的上方或下方。

（2）选择"图层 | 排列"命令，弹出"排列"命令的子菜单，选择其中的排列方式即可。

3.2.4 合并图层

1. 向下合并

"向下合并"命令用于向下合并图层。单击"图层"控制面板右上方的图标 ，在弹出式菜单中选择"向下合并"命令，或按Ctrl+E组合键即可。以图3-10为例，"图层"控制面板如图3-11所示，"向下合并"后的"图层"控制面板如图3-12所示。

图3-10 合并图层

2. 合并可见图层

"合并可见图层"命令用于合并所有可见图层。单击"图层"控制面板右上方的图标 ，在弹出式菜单中选择"合并可见图层"命令，或按Ctrl+Shift+E组合键即可。"合并可见图层"后的"图层"控制面板如图3-13所示。

如果只想拼合文件中的某些图层，则可以单击眼睛图标 来隐藏不想拼合的图层，然后在"图层"控制面板中选择"合并可见图层"。

3. 拼合图像

"拼合图像"命令用于合并所有的图层。单击"图层"控制面板右上方的图标 ，在弹出式菜单中选择"拼合图像"命令即可。"拼合图像"后的"图层"控制面板如图3-14所示。

图3-11 "图层"控制面板

图3-12 合并后的"图层"控制面板

图3-13 "合并可见图层"后的"图层"控制面板　　图3-14 "拼合图像"后的"图层"控制面板

在完成图像中所有图层的编辑后,可以合并或拼合图层来缩小文件的大小。拼合将所有的图层合并为单一背景。注意,在对所有设计决定的结果满意之前,不要拼合任何图像。

3.2.5 背景图层

图层最底端的图层名为"背景"。每个图像只能有一个背景,用户不能修改背景图层的排列顺序、混合模式和不透明度,但可以将背景转换为常规图层。

1. 将常规图层转换为背景图层

(1)在图层面板中选择要转换的图层。

(2)选择菜单"图层 | 新建 | 图层背景"。

2. 将背景图层转换为常规图层

(1)在图层面板中双击"背景"图层或选择菜单"图层 | 新建 | 背景图层"。

(2)将图层重命名并设置其他图层选项。

(3)单击"确定"按钮。

3.3 图层组

当编辑多层图像时,为了方便操作,可以将多个图层建立在一个图层组中。单击"图层"控制面板右上方的图标 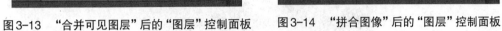,在弹出式菜单中选择"新建组"命令,弹出"新建组"对话框,如图3-15所示。单击"确定"按钮,新建一个图层组,如图3-16所示。选中要放置到组中的多个图层,将其拖拽到图层组中。

图3-15 "新建组"对话框

图 3-16 "图层"控制面板

3.4 图层的使用

本节主要介绍图层的基本使用,通过本节的学习,可以用图层知识制作出多变的图层效果,对图像快速添加效果。

3.4.1 图层的混合模式

图层的混合模式命令用于为图层添加不同的模式,使图层产生不同的效果。在"图层"控制面板中,"设置图层的混合模式"选项 正常 用于设定图层的混合模式,包含27种模式。

打开一幅"球"的图像如图3-17所示,"图层"控制面板如图3-18所示。对"球"图层应用不同的图层模式,例如:"变暗"如图3-19所示,"变亮"如图3-20所示,"强光"如

图 3-17 球

图 3-18 "图层"控制面板

图3-19 "变暗"

图3-20 "变亮"

图3-21 "强光"

图3-22 "柔光"

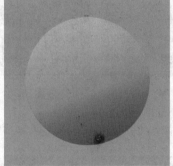

图3-23 "点光"

图3-24 "线性光"

图3-21所示,"柔光"如图3-22所示,"点光"如图3-23所示,"线性光"如图3-24所示。

3.4.2 添加文本

使用文字工具可以创建一些文字,该工具可以将文本放在独立的文字图层中,并且可以编辑文本。

（1）打开一幅"晨露"图像,如图3-25所示。选择工具面板中横排文字工具 T,属性栏状态如图3-26所示。

（2）将"横排文字"工具 T 移动到图像窗口中,在图像窗口中单击,此时出现一个文字的插入点。输入需要的文字,会显示在图像窗口中,如图3-27所示。"图层"控制面板中将自动生成一个新的文字图层,如图3-28所示。

图3-25 "晨露"图像

图3-26 属性栏状态

图3-27　输入文字　　　　　　　图3-28　"图层"控制面板

（3）选择"窗口 | 字符"命令，打开"字符"控制面板，如图3-29所示。

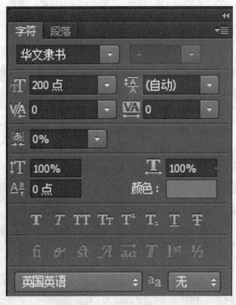

图3-29　"字符"控制面板

① 选中字符或文字图层，选择字体。

② 选中字符或文字图层，单击"设置字体大小" ⅠT 72点 选项右侧的按钮，在弹出的下拉菜单中选择需要的字体大小数值，或者直接输入数值。

③ 选中字符或文字图层，在"设置文本颜色"选项 颜色： 中单击颜色框，弹出"拾色器"对话框，如图3-30所示。在对话框中设定需要的颜色后，单击"确定"按钮，可

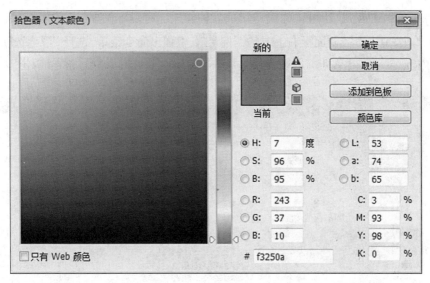

图3-30 "拾色器"对话框

以改变文字的颜色。

选择工具面板中竖排文字工具 IT,在图片的左上角添加"清露晨流"文字,如图3-31所示。此时"图层"控制面板中又自动生成一个新的文字图层,如图3-32所示。

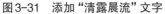

图3-31 添加"清露晨流"文字

图3-32 "图层"控制面板

3.4.3 图层样式

"样式"控制面板用于存储各种图层特效,并将其套用在要编辑的对象中。可以添加自动和可编辑的图层样式集中的"阴影""描边""光泽"或其他特效来改善图层。可以单独为图像添加一种样式,还可以为图像添加多种样式。有以下3种方式设置图层样式。

(1)单击"图层"控制面板右上方的图标 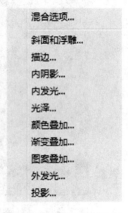,将弹出命令菜单,选择"混合选项"命令,弹出"图层样式"对话框,如图3-33所示,此对话框用于对当前图层进行特殊效果的处理。

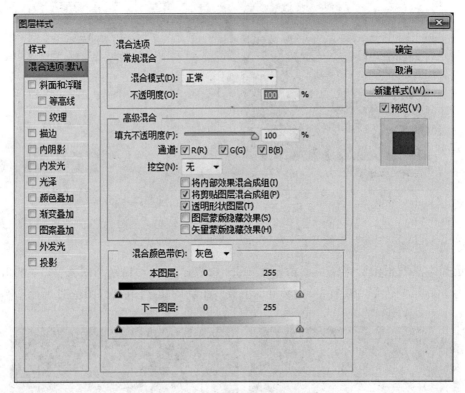

图3-33 "图层样式"对话框

(2)单击"图层"控制面板下方的"添加图层样式"按钮 fx,弹出菜单命令,如图3-34所示。

(3)选择菜单"图层 | 图层样式 | 混合选项",弹出"图层样式"对话框,如图3-33所示。

下面给图3-31中的文本"晨露"添加"投影"以突出文字。

(1)选择图层"晨露",然后选择菜单"图层 | 图层样式 | 投影"。

(2)在"图层样式"对话框中,选中复选框"预览"。

(3)在对话框的"结构"部分,选中复选框"使用全局光"。

(4)设置混合模式:正片叠底。

(5)设置不透明度:85%。

(6)设置角度:70度。

(7)设置距离:10像素。

(8)设置扩展:20%。

(9)设置大小:10像素。

图3-34 图层样式菜单

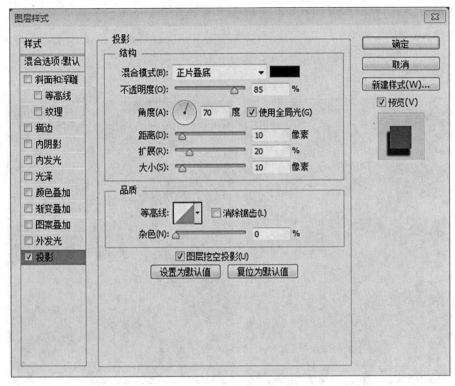

图3-35 设置"图层样式"

（10）设置效果如图3-35所示，单击"确定"按钮使设置生效，如图3-36所示。

图3-37列出了"效果"，在每种效果旁边都有一个眼睛图标 👁 。要隐藏一种效果，只需单击其眼睛图标，再次单击可视性栏可恢复效果；要隐藏所有图层样式，可单击"效

图3-36 投影效果

图3-37 "图层"控制面板

果"旁边的眼睛图标；要折叠效果列表,可单击图层缩览图右边的箭头。

按住 Alt 键将"效果"拖到图层"清露晨流"中,投影将被应用于图层"清露晨流"。如图3-38所示,"图层"控制面板如图3-39所示。

 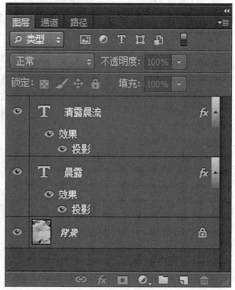

图3-38　投影效果　　　　　　　　　　　图3-39　"图层"控制面板

"斜面和浮雕"命令用于使图像产生一种倾斜与浮雕的效果,如图3-40所示。"描边"命令用于为图像描边,如图3-41所示。

图3-40　倾斜与浮雕的效果　　　　　　　　图3-41　图像描边

　　"内阴影"命令用于使图像内部产生阴影效果,如图3-42所示。"内发光"命令用于在图像的边缘内部产生一种辉光效果,如图3-43所示。

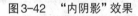

图3-42　"内阴影"效果　　　　　　　　图3-43　"内发光"效果

　　"光泽"命令用于使图像产生一种光泽效果,如图3-44所示。"颜色叠加"命令用于使图像产生一种颜色叠加效果,如图3-45所示。

图3-44　"光泽"效果　　　　　　　　图3-45　"颜色叠加"效果

"渐变叠加"命令用于使图像产生一种渐变叠加效果，如图3-46所示。"图案叠加"命令用于在图像上添加图案效果，如图3-47所示。

图3-46 "渐变叠加"效果　　　　　　　　　　图3-47 "图案叠加"效果

"外发光"命令用于在图像的边缘外部产生一种辉光效果，如图3-48所示。

图3-48 "外发光"效果

3.4.4 调整图层大小和旋转图层

以图3-49为例，调整图层大小和旋转图层。

晨露

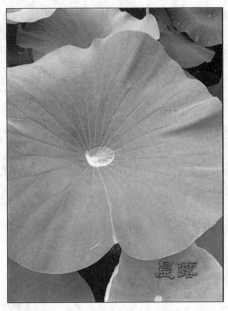

图3-49 原始图像

（1）在“图层”控制面板中选择“晨露”图层，如图3-50所示。然后选择菜单“编辑 | 自由变换”，属性栏状态如图3-51所示。此时在文本“晨露”的四周出现变换定界框，在每个角和每条边上都有手柄，如图3-52所示。

（2）拖拽角上的手柄，可将文本“晨露”放大。还可以在选项栏 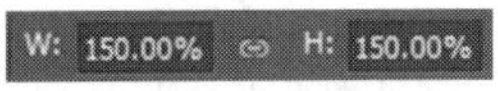
W: 150.00% H: 150.00%
中输入宽度和高度的百分比。

（3）将鼠标指向角上手柄的外面，当鼠标变成弯曲的双箭头后拖拽鼠标，可将文本旋转。也可以在选项栏 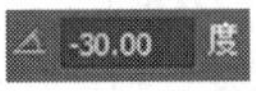
-30.00 度
中输入度数。

（4）还可以在选项栏 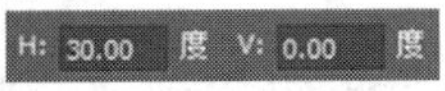
H: 30.00 度 V: 0.00 度
中设置水平斜切和垂直斜切。

图层 通道 路径
类型
正常
不透明度: 100%
锁定:
填充: 100%
晨露
背景

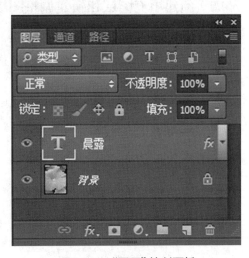

图3-50 “图层”控制面板

（5）将鼠标移动到文本中间，可以拖拽文本，将文本移动到合适的位置。还可以在选

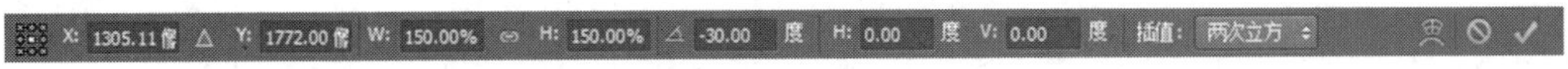
X: 1305.11 像 Y: 1772.00 像 W: 150.00% H: 150.00% -30.00 度 H: 0.00 度 V: 0.00 度 插值: 两次立方

图3-51 属性栏状态

图 3-52　自由变换　　　　　　　　图 3-53　自由变换效果

项栏 X: 1374.23像 △ Y: 1760.00像 中设置参考点的水平位置和垂直位置。

（6）单击选项栏中的"提交变换"按钮 ✔，使变换生效并退出变换状态。编辑后的图像如图 3-53 所示。如果单击选项栏中的"取消变换"按钮 ⊘，将取消变换。

3.4.5　新建填充图层和新建调整图层

1. 新建填充图层

（1）当需要新建填充图层时，选择菜单"图层 | 新建填充图层"命令，或单击"图层"控制面板下方的"创建新的填充和调整图层"按钮 ◉，弹出填充图层的 3 种方式，如图 3-54 所示。

纯色(O)...
渐变(G)...
图案(R)...

（2）选择其中的一种方式，将弹出"新建图层"对话框，以"渐变填充"为例，如图 3-55 所示。

图 3-54　填充图层菜单

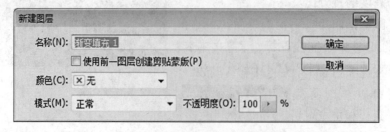

图 3-55　"新建图层"对话框

（3）单击"确定"按钮，将根据选择的填充方式弹出不同的填充对话框，渐变填充弹出的对话框如图 3-56 所示。

图3-56 "渐变填充"对话框

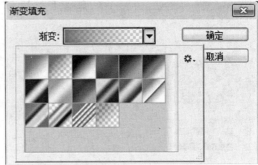

图3-57 选择渐变效果

（4）选择渐变效果如图3-57所示。

（5）选择样式，有线性、径向、角度、对称的和菱形几个选项可供选择，如图3-58所示。本例选择线性样式。

（6）设置角度为60度，设置缩放为80%，如图3-59所示。还可以设置反向、仿色、与图层对齐复选框。

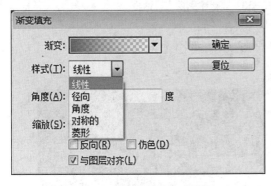

图3-58 "渐变填充"对话框

图3-59 "渐变填充"对话框

单击"确定"按钮，"图层"控制面板如图3-60所示，图像的效果如图3-61所示。

图3-60 "图层"控制面板

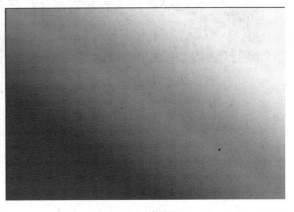

图3-61 效果图

67

2. 新建调整图层

（1）当需要对一个或多个图层进行色彩调整时，选择"图层 | 新建调整图层"命令，或单击控制面板下方的"创建新的填充或调整图层"按钮 ◑，弹出调整图层的多种方式，如图3-62所示。

（2）选择其中的一种方式，将弹出"新建图层"对话框。本例选择"亮度/对比度"，弹出的"新建图层"对话框如图3-63所示，单击"确定"按钮。

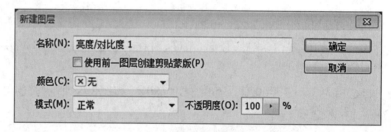

图3-62　调整图层菜单　　　　　　　　图3-63　"新建图层"对话框

（3）"图层"控制面板如图3-64所示，"调整对话框"如图3-65所示。

图3-64　"图层"控制面板　　　　　　　图3-65　调整对话框

（4）以图3-66所示，调整亮度和对比度，调整后图像的效果如图3-67所示。

3.4.6　图层复合

将同一文件中的不同图层效果组合并另存为多个"图层效果组合"，可以对不同的图层复合中的效果进行比对。

图3-66　原始图像　　　　　　　　　　　　图3-67　效果图

1."图层复合"控制面板

"图层复合"控制面板可以将同一文件中的不同图层效果组合并另存为多个"图层效果组合",从而更加方便快捷地展示和比较不同图层组合设计的视觉效果。

以图3-68为例,"图层"控制面板如图3-69所示。选择菜单"窗口｜图层复合"命令,弹出"图层复合"控制面板,如图3-70所示。

图3-68　原始图像

图3-69　"图层"控制面板　　　　图3-70　"图层复合"控制面板

2. 创建图层复合

单击"图层复合"控制面板右上方的图标 ，在弹出式菜单中选择"新建图层复合"命令，弹出"新建图层复合"对话框，如图3-71所示。单击"确定"按钮，建立"图层复合1"，"图层复合"控制面板如图3-72所示。

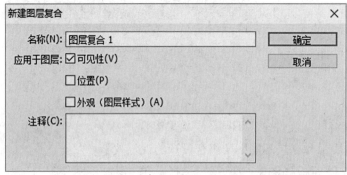

图3-71　"新建图层复合"对话框　　　　　图3-72　"图层复合"控制面板

3. 图层复合的应用

为图3-68添加文本图层，如图3-73所示，"图层"控制面板如图3-74所示。

图3-73　添加文本图层　　　　　　　　图3-74　"图层"控制面板

选择"新建图层复合"命令，弹出"新建图层复合"对话框，如图3-75所示。建立"图层复合2"，"图层复合"控制面板如图3-76所示。

4. 导出图层复合

在"图层复合"控制面板中，单击"图层复合1"左侧的方框，显示 图 图标，如图3-77所示，可以观察"图层复合1"中的图像，如图3-78所示。

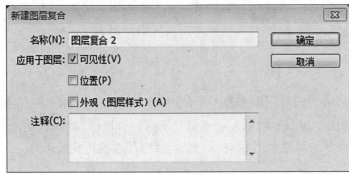

图3-75 "新建图层复合"对话框

图3-76 "图层复合"控制面板

图3-77 "图层复合"控制面板

图3-78 观察"图层复合1"中的图像

单击"图层复合2"左侧的方框，显示 图 图标，如图3-79所示，可以观察"图层复合2"中的图像，如图3-80所示。

图3-79 "图层复合"控制面板

图3-80 观察"图层复合2"中的图像

单击"应用选中的上一图层复合"按钮 ◀ 和"应用选中的下一图层复合"按钮 ▶，可以快速对两次的图像编辑效果进行比较。

3.4.7 盖印图层

盖印图层是将图像窗口中所有当前显示出来的图像合并到一个新的图层中。在"图层"控制面板中选中一个可见图层，如图3-81所示。选择Ctrl+Alt+Shift+E组合键，将每个图层中的图像复制合并到一个新的图层中，如图3-82所示。注意，在执行此操作时，必须选中一个可见的图层，否则将无法操作。

图3-81 "图层"控制面板   图3-82 "图层"控制面板

3.4.8 智能对象图层

智能对象可以将一个或多个图层，甚至一个矢量图形文件包含在Photoshop文件中。以智能对象形式嵌入Photoshop文件中的位图或矢量文件，与当前的Photoshop文件能够保持相对的独立性。当对Photoshop文件进行修改或对智能对象进行变换、旋转时，不会影响嵌入的位图或矢量文件。

创建智能对象可以用以下3种方法。

（1）使用置入命令：选择菜单"文件｜置入"命令为当前的图像文件置入一个矢量文件或位图文件。

（2）使用转换为智能对象命令：选中一个或多个图层后，选中的图层转换为智能对象图层。

（3）使用粘贴命令：在Illustrator软件中对矢量对象进行拷贝，再回到Photoshop软件中将拷贝的对象进行粘贴。

3.4.9 应用案例

1. 案例一

使用给定的素材，"大海.psd"和"狗.psd"，运用图层知识，设计一幅画面，效果如图 3-83所示。

图3-83 效果图

（1）新建一个文件，高度为400像素，宽度为600像素，设置背景颜色，存储为"濯足万里流.psd"，如图3-84所示。

图3-84 新建

（2）打开一幅"大海.psd"的图像,用"椭圆形选框工具"选择一个椭圆形选区,选择"移动"工具 ▶♣,把这个椭圆形选区拖拽到"濯足万里流"图像窗口中,调整位置和大小,如图3-85所示。修改图层名称为"大海","图层"控制面板如图3-86所示。

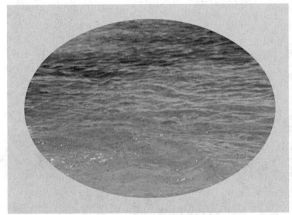

图3-85　添加"大海"图像　　　　　　　　　图3-86　"图层"控制面板

（3）羽化选区,选择菜单"选择 | 修改 | 羽化"命令,这里设置羽化半径为30像素。再选择菜单"选择 | 反向"命令,然后再选择"编辑 | 填充"命令,用背景色填充,如图3-87所示。

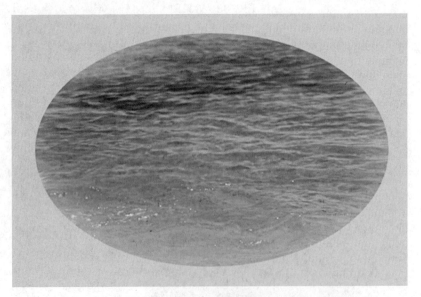

图3-87　"羽化"效果

（4）选择菜单"文件 | 置入"命令,将图像"狗.psd"（如图3-88所示）置入"濯足万里流"的图像窗口中,将置入图像调整到合适的大小和位置,效果如图3-89所示,"图层"控制面板如图3-90所示。

图3-88 "狗"

图3-89 置入"狗"

图3-90 "图层"控制面板

（5）添加文字图层，选择工具面板中的横排文字工具 ，设置文本为"濯足万里流"，如图3-91所示。

图3-91 添加文字

（6）设置文字的字体为隶书、字体大小为50点、颜色为橘色、变形文字的样式为扇形，选择移动工具 ，将文字移到合适的位置，如图3-92所示，"图层"控制面板如图3-93所示。

图3-92　设置文字　　　　　　　　图3-93　"图层"控制面板

（7）在"图层"控制面板中选择图层"狗"，单击鼠标右键选择"栅格化图层"，将智能图层转换为普通图层。

（8）选择"橡皮擦工具" ，单击其选项栏中 图标，在弹出的设置框中，设置"笔尖形状"为柔边圆、"笔刷大小"为30像素、"硬度"为0%，如图3-94所示。

将鼠标移至画布中，按住鼠标左键不放，在"狗"的足部下方轻轻涂抹，使"狗"融入水中，制做好的图像效果如图3-95所示。

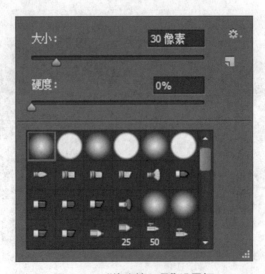

图3-94　"橡皮擦工具"设置框

图3-95 效果图

2. 案例二

（1）打开一幅"草地"图片，如图3-96所示。另存为"唯美钢琴.psd"。将图层"背景"重命名为"草地"。

图3-96 "草地"图片

（2）选择菜单"文件 I 置入"命令，将图像"钢琴.psd"置入"唯美钢琴"的图像窗口中，将置入的钢琴调整到合适的大小和位置，效果如图3-97所示。

图3-97　置入钢琴

（3）在"图层"控制窗口中选择图层"钢琴"，单击鼠标右键选择"栅格化图层"。选择"橡皮擦工具" ，单击其选项栏中 图标，在弹出的设置框中，设置"笔尖形状"为柔边圆、"笔刷大小"为30像素、"硬度"为0%。将鼠标移至画布中，按住鼠标左键不放，在"钢琴"的底部轻轻涂抹，使"钢琴"融入草地中，效果如图3-98所示。

图3-98　"橡皮擦工具"擦除

（4）选择菜单"文件 | 置入"命令，将图像"玫瑰花.psd"置入"唯美钢琴"的图像窗口中，将置入的图像调整到合适的大小、角度和位置，效果如图3-99所示。

图3-99 置入玫瑰花图像

（5）选择菜单"文件 | 置入"命令，将图像"百合花1.psd"置入"唯美钢琴"的图像窗口中，将置入的图像调整到合适的大小、角度和位置，效果如图3-100所示。

图3-100 置入百合花图像

（6）选择菜单"文件｜置入"命令，将图像"百合花2.psd"置入"唯美钢琴"的图像窗口中，将置入的图像调整到合适的大小、角度和位置，效果如图3-101所示。图层控制面板如图3-102所示。

图3-101　置入百合花图像

图3-102　"图层"控制面板

第4章

形状与路径

本章将主要介绍路径的绘制、编辑方法、图形的绘制与应用技巧，以及应用绘图工具绘制出系统自带的图形。

4.1 绘制图形

单击"矩形"工具 按钮，弹出选项菜单，如图4-1所示。可以选择矩形工具、圆角矩形工具、椭圆工具、多边形工具、直线工具和自定形状工具。或通过反复按Shift+U组合键在不同形状之间切换。

■	□ 矩形工具	U
	□ 圆角矩形工具	U
	○ 椭圆工具	U
	◇ 多边形工具	U
	╱ 直线工具	U
	✳ 自定形状工具	U

图4-1 "矩形"工具选项菜单

4.1.1 矩形工具

选择"矩形"工具 ，或反复按Shift+U组合键，属性状态栏如图4-2所示。

图4-2 属性状态栏

（1）**形状**：用于选择创建路径形状、创建工作路径或填充区域。

（2）**填充:** **描边:** **3点**：用于设置矩形的填充色、描边色、描边宽度和描边类型。

（3）**W:** **H:**：用于设置矩形的宽度和高度。

（4）：用于设置路径的组合方式、对齐方式和排列方式。

（5）：用于设定所绘制矩形的形状。

（6）**对齐边缘**：用于设定边缘的对齐。

打开一幅"蓝天白云"图片，选择一种颜色，在图像中绘制矩形，效果如图4-3所示，"图层"控制面板如图4-4所示。

图4-3　绘制矩形　　　　　　　　　　　　图4-4　"图层"控制面板

4.1.2　圆角矩形工具

选择"圆角矩形工具",或反复按Shift+U组合键,其属性状态栏如图4-5所示。属性状态栏的内容与"矩形"工具栏的选项内容类似,只是增加了"半径"选项 ,用于设定圆角矩形的平滑程度,数值越大越平滑,可以应用此工具制作胶片的效果。

图4-5　属性状态栏

打开"蓝天白云"图片,选择圆角矩形工具 ,在属性栏中设置半径为100像素,在图片中绘制圆角矩形,效果如图4-6所示,"图层"控制面板如图4-7所示。

图4-6　绘制圆角矩形　　　　　　　　　　图4-7　"图层"控制面板

4.1.3　椭圆工具

选择"椭圆工具",或反复按Shift+U组合键,其属性状态栏如图4-8所示。

图4-8　属性状态栏

　　打开"蓝天白云"图片，选择"椭圆工具"，在图像上方绘制椭圆形，效果如图4-9所示，"图层"控制面板如图4-10所示。

图4-9　绘制椭圆形

图4-10　"图层"控制面板

4.1.4　多边形工具

　　选择"多边形工具"，或反复按Shift+U组合键，其属性状态栏如图4-11所示。属性状态栏的内容与"矩形"工具栏的选项内容类似，只是增加了"边"边: 5 选项，用于设定多边形的边数。

图4-11　属性状态栏

　　打开"蓝天白云"图片，选择"多边形工具"，在图像上方绘制多边形，效果如图4-12所示，"图层"控制面板如图4-13所示。

图4-12　绘制多边形

图4-13　"图层"控制面板

4.1.5　直线工具

选择"直线工具",或反复按Shift+U组合键,其属性状态栏如图4-14所示。

图4-14　属性状态栏

粗细: 1像素 : 用于设定直线的宽度。

: 用于设置箭头,"箭头"面板如图4-15所示。

图4-15　"箭头"面板

起点:用于选择箭头位于线段的始端。

终点:用于选择箭头位于线段的末端。

宽度:用于设定箭头宽度和线段宽度的比值。

长度:用于设定箭头长度和线段长度的比值。

凹度:用于设定箭头凹凸的形状。

打开一幅图片,选择"直线工具",设置宽度、长度、凹度、起点、终点,设置颜色、粗细后,在图像上方绘制直线。应用"直线工具"绘制图形时,按住Shift键可以绘制水平或垂直的直线,绘制效果如图4-16所示。"图层"控制面板如图4-17所示。

图4-16　直线工具

图4-17　"图层"控制面板

4.1.6 自定形状工具

选择自定形状工具 ，或反复按Shift+U组合键，其属性工具栏如图4-18所示。

图 4-18 属性工具栏

形状：→ : 用于选择所需的形状。单击"形状"选项右侧的下拉箭头按钮，弹出形状面板如图4-19所示,面板中存储了可供选择的各种不规则形状。

图 4-19 形状面板

以"蓝天白云"图片为例,在图像中绘制不同的形状,效果如图4-20所示。"图层"控制面板如图4-21所示。

图 4-20 绘制形状

图 4-21 "图层"控制面板

4.2 绘制路径

矢量形状的轮廓被称为路径。使用路径可以绘制线条平滑的优美图形,还可以进行复杂图像的选取。路径是用钢笔工具、自由钢笔工具或形状工具绘制的曲线或直线。使用钢笔工具绘制路径的准确度最高,形状工具用于绘制矩形、椭圆和其他形状。

4.2.1 新建路径

1. 使用控制面板弹出式菜单

"路径"控制面板如图4-22所示,单击"路径"控制面板右上方的图标 ▼≣,弹出其命令菜单,如图4-23所示。选择"新建路径"命令,弹出"新建路径"对话框,如图4-24所示。"名称"用于设定新图层的名称,可以与前一图层创建剪贴蒙版。

图4-22 "路径"控制面板

图4-23 "路径"命令菜单

图4-24 "新建路径"对话框

2. 使用控制面板按钮或快捷键

单击"路径"控制面板下方的"创建新路径"按钮 ⬛,可以创建一个新路径。按住Alt键并单击"创建新路径"按钮 ⬛,将弹出"新建路径"对话框,设置完成后单击"确定"按钮创建路径。

4.2.2 路径控制面板

绘制一条路径,再选择菜单"窗口 | 路径"命令,调出"路径"控制面板,如图4-25所示。单击"路径"控制面板右上方的图标 ▼≣,弹出下拉命令菜单,如图4-26所示。在"路径"控制面板的底部有7个工具按钮,如图4-27所示。

(1)"用前景色填充路径"按钮 ⬤:将对当前选中的路径进行填充,填充的对象包括当前路径的所有子路径及不连续的路径线段。如果选定了路径中的一部分,"路径"控制面板的弹出菜单中的"填充路径"命令将变为"填充子路径"命令。如果被填充的路径为开放路径,就会自动把路径的两个端点以直线段连接然后进行填充。如果只有一条开放路径,则不能进行填充。按住Alt键并单击此按钮,将弹出"填充路径"对话框,如图4-28所示。

图4-25 "路径"控制面板

图4-27 "路径"工具按钮　　　　　图4-26 "路径"命令菜单

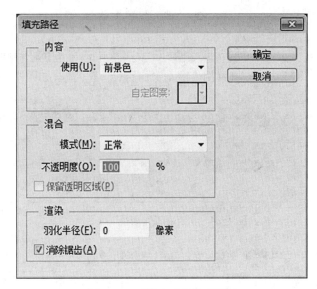

图4-28 "填充路径"对话框

（2）"用画笔描边路径"按钮 ◎：单击此按钮，系统将使用当前的颜色和当前在"描边路径"对话框中设定的工具对路径进行描边。按住Alt键并单击此按钮，将弹出"描边路径"对话框，如图4-29所示。

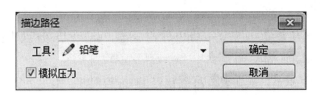

图4-29 "描边路径"对话框

（3）"将路径作为选区载入"按钮 ：单击此按钮，将把当前路径圈选的范围转换成选择区域。按住 Alt 键并单击此按钮，将弹出"建立选区"对话框，如图 4-30 所示。

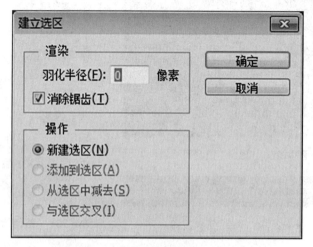

图 4-30 "建立选区"对话框

（4）"从选区生成工作路径按钮" ⬦：单击此按钮，将把当前的选择区域转换成路径。按住 Alt 键并单击此按钮，将弹出"建立工作路径"对话框，如图 4-31 所示。

图 4-31 "建立工作路径"对话框

（5）"添加蒙版"按钮 ▣：用于为当前图层添加蒙版。

（6）"创建新路径"按钮 ▣：用于创建一个新的路径。单击此按钮，可以创建一个新的路径。按住 Alt 键并单击此按钮，将弹出"新建路径"对话框。

（7）"删除当前路径"按钮 🗑：用于删除当前路径。先选中要删除的路径，再单击此按钮即可删除该路径。也可以直接拖拽"路径"控制面板中的一个路径到此按钮上，可将整个路径删除。

4.2.3 钢笔工具

选择"钢笔"工具 ✒，或反复按 Shift+P 组合键，其属性状态栏如图 4-32 所示。

按住 Shift 键创建锚点时，系统会以 45° 或其倍数绘制路径。

按住 Alt 键，当"钢笔"工具 ✒ 移到锚点上时，暂时将"钢笔"工具转换为"转换点"工具 ▶。

图4-32 属性状态栏

按住Ctrl键,暂时将"钢笔"工具转换成"直接选择"工具 。

1. 绘制直线条

建立一个新的图像文件,选择"钢笔"工具 ,在属性栏中的"选择工具模式"选项中选择"路径"选项,"钢笔"工具绘制的将是路径。如果选择"形状"选项,绘制的将是形状图层。

在图像中任意位置单击,创建一个锚点,两个锚点之间自动以直线连接,如图4-33所示。将光标移到其他位置单击,创建第三个锚点,而系统将在第二个和第三个锚点之间生成一条新的直线路径,如图4-34所示。

将光标移到第二个锚点上,光标暂时转换成"删除锚点"工具,在锚点上单击,即可将第二个锚点删除,如图4-35所示。

单击工具箱中的钢笔工具 可以结束路径。

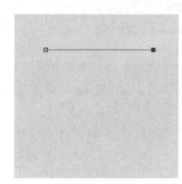

图4-33 绘制直线路径

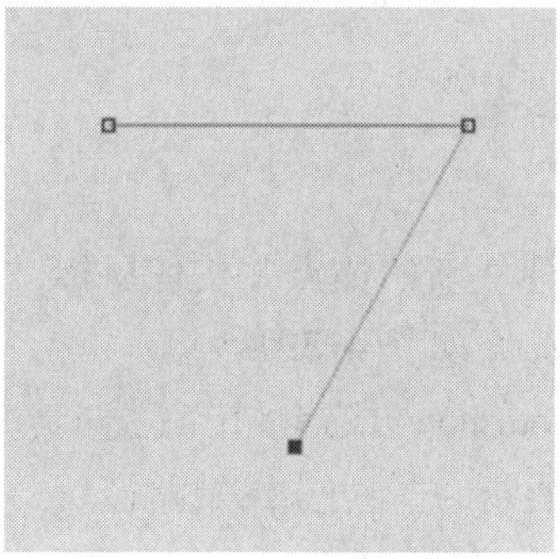

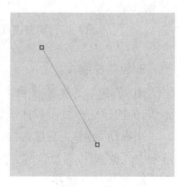

图4-34 绘制直线路径   图4-35 删除锚点

2. 用多线段画直路径

用"钢笔工具"创建路径中的第一个点,然后按下Shift键,单击随后4个点,如图4-36所示。在单击时按下Shift键,可以顺着45度角限定位置。

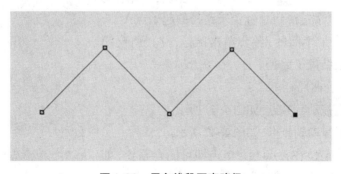

图4-36 用多线段画直路径

当路径包含一条以上的线段时,可以拖动路径中的各个锚点来调整路径的各条线段,也可以选择路径中的所有锚点来编辑整个路径。

选择"直接选择工具" ![箭头图标], 单击曲折路径的一段,并拖移整个线段。拖动时,线段的两个锚点都会移动,连接的线段也会相应调整。以图4-36为例,拖动最左侧线段,调整后的效果如图4-37所示。

选定路径上各个锚点中的一个,将其拖到一个新的位置,以图4-36为例,拖动中间锚点后的效果如图4-38所示,注意这会改变路径的临近一条(一些)线段。

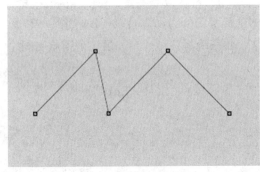

图4-37　调整锚点

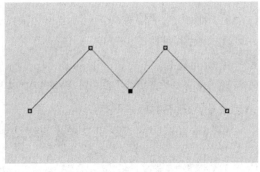

图4-38　调整锚点

3. 绘制曲线

用"钢笔"工具 ![钢笔图标] 单击建立新的锚点并按住鼠标不放,拖拽建立曲线段和曲线锚点,如图4-39所示。

当拖动"钢笔"工具时,Photoshop自锚点画出了方向线和方向点,可以通过这些方向线和方向点来编辑路径。

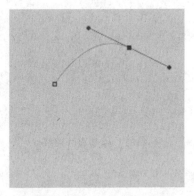

图4-39　绘制曲路径

4. 创建闭合路径

创建闭合路径和创建开放路径的不同之处在于结束路径的方法。

(1)创建闭合直路径。

图4-40创建了一个闭合直路径。

选择"钢笔工具" ![钢笔图标],单击A点创建路径,再单击B点和C点。要闭合路径,将指针置于路径的起始点A上,此时会出现一个带小圈的钢笔,单击鼠标,路径就会闭合。闭合时自动结束了路径。

(2)创建闭合曲路径。

从A点向上拖动到B点,如图4-41所示。

从C点向下拖动到D点,如图4-42所示。

(3)将指针定位在A点上并单击即可闭合路径,如图4-43所示。"路径"控制面板如图4-44所示。

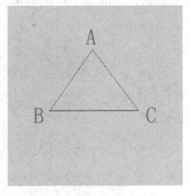

图4-40　创建闭合直路径

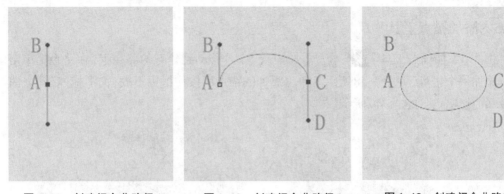

图4-41　创建闭合曲路径1　　　图4-42　创建闭合曲路径2　　　图4-43　创建闭合曲路径3

图4-44　"路径"控制面板

图4-45　重命名"路径"名称

（4）在"路径"控制面板中，将"工作路径"重命名为"闭合路径"，如图4-45所示。

4.2.4　自由钢笔工具

选择"自由钢笔"工具 ，属性状态栏如图4-46所示。

图4-46　属性状态栏

用"自由钢笔"工具 单击确定最初的锚点，然后拖拽并单击，建立其他的锚点，如图4-47所示，使用"自由钢笔"工具描出一座小山。

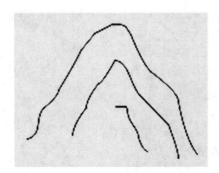

图4-47　使用"自由钢笔"工具绘制图形

4.2.5 添加锚点工具

选择"添加锚点工具" 🖊️ ,将"添加锚点工具"移动到建立的路径上,在路径上单击可以添加一个锚点,如图4-48所示。单击添加的锚点后按住鼠标不放,向上拖拽,建立曲线段和曲线锚点,如图4-49所示。

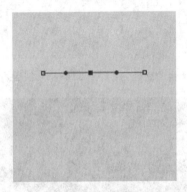

图4-48 添加锚点

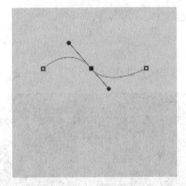

图4-49 建立曲线段

4.2.6 删除锚点工具

"删除锚点工具"用于删除路径上已经存在的锚点。选择"删除锚点工具" 🖊️ ,将"删除锚点工具"放到路径的锚点上,单击锚点将其删除。

4.2.7 转换点工具

使用"转换点"工具 ⌐ 可以将曲线变为角点,或者将角点变为曲线。要将曲线转换为角点,可以单击锚点;要将角点转换为曲线,可以从锚点进行拖动。

以图4-50为例,按住Shift键拖拽其中的一个锚点,将强迫手柄以45°或其倍数进行改变,如图4-51所示。

按住Alt键拖拽手柄,可以任意改变两个调节手柄中的一个手柄,而不影响另一个手柄的位置,如图4-52所示。

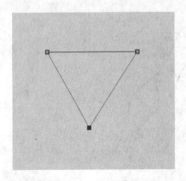

图4-50 创建路径

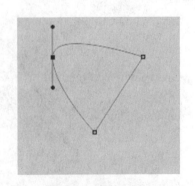

图4-51 调整手柄1

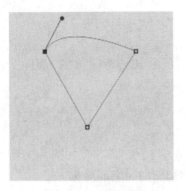 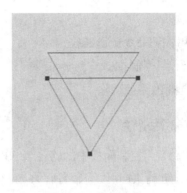

图4-52 调整手柄2 图4-53 复制路径

按住Alt键拖拽路径中的线段,可以复制路径,如图4-53所示。

4.3 路径的基本操作

4.3.1 复制路径

1. 使用菜单命令复制路径

单击"路径"控制面板右上方的图标 ，弹出其下拉命令菜单,选择"复制路径"命令,弹出"复制路径"对话框,如图4-54所示。在"名称"选项中设置复制路径的名称,单击"确定"按钮,"路径"控制面板如图4-55所示。

图4-54 "复制路径"对话框 图4-55 "路径"控制面板

2. 使用按钮命令复制路径

在"路径"控制面板中将需要复制的路径拖拽到下方的"创建新路径"按钮 上,即可将所选的路径复制为一个新路径。

4.3.2 删除路径

1. 使用菜单命令删除路径

单击"路径"控制面板右上方的图标 ，弹出其下拉命令菜单,选择"删除路径"命令,将路径删除。

2. 使用按钮命令删除路径

在"路径"控制面板中选择需要删除的路径,单击面板下方的"删除当前路径"按钮 🗑,将选择的路径删除。

4.3.3 重命名路径

双击"路径"控制面板中的路径名,出现重命名路径文本框,如图4-56所示。更改名称后按Enter键确认即可,重命名后的"路径"控制面板如图4-57所示。

图4-56 重命名路径　　　　图4-57 重命名后的"路径"控制面板

4.4 移动和调整路径

使用"路径选择工具"选择并调整锚点、路径段或者整个路径。

4.4.1 路径选择工具

单击"路径选择工具" 🔧,弹出下拉列表框,如图4-58所示。

"路径选择工具"可以选择单个或多个路径,还可以用来组合、对齐和分布路径。选择"路径选择工具" 🔧,或反复按Shift+A组合键,其属性状态栏如图4-59所示。

图4-58 "路径选择工具"下拉列表框

图4-59 属性状态栏

4.4.2 直接选择工具

"直接选择工具" 🔧 用于移动路径中的锚点或线段,以及调整手柄和控制点。以图4-60为例,单击选择该路径,然后在路径上的任何地方用"直接选择工具" 🔧 拖拽路径,可以移动该路径,如图4-61所示。

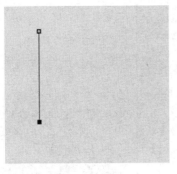

图 4-60   直线路径

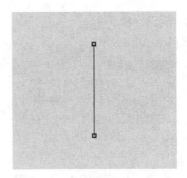

图 4-61   移动路径

要调整路径的倾斜度和长度,用"直接选择工具"拖动锚点中的一个锚点,以图 4-61 为例,改变路径倾斜度后的效果如图 4-62 所示,改变路径长度后的效果如图 4-63 所示。

图 4-62   改变路径倾斜度

图 4-63   改变路径长度

4.5   填充路径

在图像中创建路径,如图 4-64 所示。单击"路径"控制面板右上方的图标 ▼,在弹出式菜单中选择"填充路径"命令,弹出"填充路径"对话框,如图 4-65 所示。设置完成后,单击"确定"按钮,填充效果如图 4-66 所示。

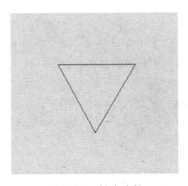

图 4-64   创建路径

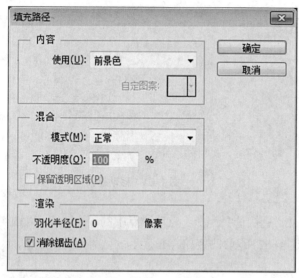

图 4-65 "填充路径"对话框   图 4-66 填充路径

4.6 描边路径

在图像中创建路径，如图 4-64 所示。单击"路径"控制面板右上方的图标 ，在弹出式菜单中选择"描边路径"命令，弹出"描边路径"对话框，如图 4-67 所示。选择"工具"下拉列表中的画笔工具，如图 4-68 所示。此下拉列表中共有 19 种工具可供选择，如果选择"画笔"工具，描边效果如图 4-69 所示。此外，在画笔属性栏中设定的画笔类型也将直接影响此处的描边效果。

图 4-67 "描边路径"对话框

图 4-69 描边效果

图 4-68 "工具"下拉列表

4.7 选区和路径的转换

4.7.1 将路径转换为选区

1. 使用菜单命令

创建路径,如图4-70所示,"路径"控制面板如图4-71所示。单击"路径"控制面板右上方的图标 ![icon]，在弹出式菜单中选择"建立选区"命令,弹出"建立选区"对话框,如图4-72所示。设置完成后,单击"确定"按钮,将路径转换成选区。

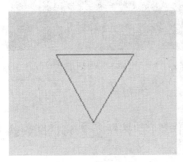

图4-70 创建路径

图4-71 "路径"控制面板

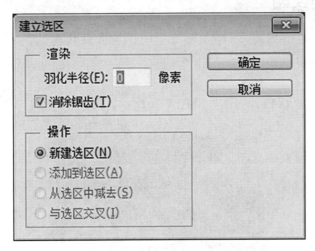

图4-72 "建立选区"对话框

2. 使用按钮命令

单击"路径"控制面板下方的"将路径作为选区载入"按钮 ![icon]，将路径转换为选区。

4.7.2 将选区转换为路径

1. 使用菜单命令

选择"矩形选项"工具 ![icon]，在图像上绘制一个矩形选区。单击"路径"控制面板右

上方的图标 ，在弹出式菜单中选择"建立工
作路径"命令，弹出"建立工作路径"对话框，如
图4-73所示。设置完成后，单击"确定"按钮，
将选区转换成路径，如图4-74所示，"路径"控制
面板如图4-75所示。

图4-73 "建立工作路径"对话框

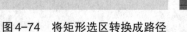

图4-74 将矩形选区转换成路径

图4-75 "路径"控制面板

2. 使用按钮命令

单击"路径"控制面板下方的"从选区生成工作路径"按钮 ，将选区转换为路径。

4.8 应用案例

4.8.1 案例一

（1）打开一幅"蓝天白云"图片，如图4-76所示，将文件存储为"云雀之歌.psd"。

图4-76 打开"蓝天白云"图片

（2）打开一幅"云雀"图片，如图4-77所示。选择"钢笔"工具 ，在属性栏中的"选择工具模式"选项中选择"路径"选项，在图像窗口中沿着云雀轮廓单击绘制路径，如图4-78所示。

图4-77 打开"云雀"图片

图4-78 绘制路径

（3）单击"路径"控制面板下方的"将路径作为选区载入"按钮 ，将路径转换为选区，如图4-79所示，"路径"控制面板如图4-80所示。

图4-79 将路径转换为选区

图4-80 "路径"控制面板

（4）选择"移动"工具 ，将"云雀"图片拖拽到"云雀之歌"图像窗口的适当位置，调整到合适的大小，如图4-81所示。在"图层"控制面板中生成新的图层并将其命名为"云雀"，"图层"控制面板如图4-82所示。

图4-81 添加"云雀"

图4-82 "图层"控制面板

（5）打开一幅"云雀之歌"曲谱，如图4-83所示。用"椭圆形选框工具"选择一个椭圆形选区，把这个椭圆形选区复制到"云雀之歌"图像窗口中，调整位置和大小，制作好的图像如图4-84所示。修改图层名称为"曲谱"，"图层"控制面板如图4-85所示。

图4-83 "云雀之歌"曲谱

图4-84 添加"曲谱"

图 4-85　"图层"控制面板

（6）选择自定形状工具 ，单击"形状"选项右侧的下拉箭头按钮 ，选择
"八分音符"，在图像上拖拽，画出合适大小的音符，设置好音符的颜色，修改图层名称为
"音符"，"图层"控制面板如图 4-86 所示，图像效果如图 4-87 所示。

图 4-86　"图层"控制面板

图 4-87　效果图

4.8.2　案例二

（1）打开一幅"大海帆船"图片，如图 4-88 所示。

（2）选择"钢笔工具" ，在图片窗口中创建两条曲线路径，如图 4-89 所示。

图4-88   打开"大海帆船"图片

图4-89   创建曲线路径

（3）选择"直排文字工具" ，在选项栏中设置"字体"为隶书，"字体大小"为60点，"颜色"为橘色。移动鼠标指针至左侧曲线路径上，单击鼠标输入文字"长风破浪会有时"。执行"窗口｜字符"命令，弹出"字符"面板，设置字符的"字距"为100。再把鼠标指针移至右边的路径上，单击鼠标输入文字"直挂云帆济沧海"。用同样的方法设置文字数值，效果如图4-90所示。

图4-90　添加路径文字

第5章

通道与蒙版 ————————————

通道与蒙版是Photoshop中的重要核心内容之一,它们是创建选区和编辑局部图像时常用的工具。通道可以保存图像中的选区和颜色信息等内容,还可以建立精确的选区。蒙版可以使被选取或指定的区域不被编辑,在编辑图像时起到遮蔽作用,可以用于抠图或者制作合成效果。利用Photoshop中的通道和蒙版,可以使图像设计作品更加美观。本章将系统地讲解通道的基本概念和基本操作、蒙版的基本概念和使用方法。

5.1 通道的基本概念

通道是Photoshop的一个主要元素,能够保存颜色与选区。在Photoshop中,通道可以存放图像的颜色信息,也可以保存图像中的自定义选区。通过改变通道中存放的颜色信息,可以调整图像的色调。此外,通道还常用来创建或存储特定的选区,制作一些特殊效果的图像。具体来说,通道的作用主要有以下3点:

(1)表示色彩的强度。通过通道面板可以看到,不同通道都可以用256级灰度来表示不同亮度。在Red通道里的一个纯红色的点,在其他的通道上显示就是纯黑色,即亮度为0。

(2)表示不透明度。这是经常使用的一个功能,如高山融入水中的图片。

(3)建立、编辑和存储选区。利用通道,可以建立复杂图像的精确选区,如毛发、树枝、烟花等。

通道包括4种:复合通道、颜色通道、Alpha通道和专色通道。不同的图像模式,通道的数量也不一样。

Photoshop中的每一幅图像都由若干通道来存储图像中的色彩信息,打开一个图像文件,就随之打开了与之相应的颜色通道,每个通道中都存储着关于图像中的颜色元素的信息。图像中的默认颜色通道数取决于图像的颜色模式。例如,在RGB模式下,每一个像素都是由不同比例的RGB三原色混合而成的,将这3种原色分离出来后,分别用红、绿、蓝3个通道来保存数据,当3个通道合成之后便得到原来的图像。每一个颜色通道都是一幅256色的灰度图像,通道中只有三色:黑、白、灰。在通道中,以纯白色显示的部分可以被载入,其他颜色部分不会被载入或不能被完全载入。RGB模式下的图像与通道,如图5-1所示。

图5-1 RGB模式的图像与通道

除了默认的颜色通道外,还可以将Alpha通道的额外通道添加到图像中,Alpha通道可以将选择区域作为遮罩来进行编辑和存放,另外还可以添加专色通道来为图像中的指定区域设置专色。

5.1.1 通道的类型

1. 复合通道

复合通道不包含任何信息,实际上它只是同时预览并编辑所有颜色通道的一个快捷方式。它通常被用来在单独编辑完一个或多个颜色通道后,使通道面板返回到它的默认状态。对于不同模式的图像,其通道的数量是不一样的。下面分别介绍Photoshop中3种图像模式的通道。

当图像模式是RGB时,通道面板中有1个复合通道和3个颜色通道:"RGB"通道、"红"通道、"绿"通道、"蓝"通道。

当图像模式是CMYK时,通道面板有1个复合通道和4个颜色通道:"CMYK"通道、"青色"通道、"洋红"通道、"黄色"通道、"黑色"通道,如图5-2所示。

当图像模式是Lab时,通道面板中有1个复合通道和3个颜色通道:"Lab"通道、"明度"通道、"a"通道、"b"通道,其中Lab通道是复合通道,如图5-3所示。

2. 颜色通道

颜色通道又称原色通道,存储图像的颜色信息。每个不同的颜色通道保存图像的不同颜色信息,这些信息包含着像素的位置和像素颜色的深浅度。在Photoshop中编辑图像时,实际上就是在编辑颜色通道。这些通道把图像分解成一个或多个色彩成分,图像的模式决定了颜色通道的数量,RGB模式有3个颜色通道,CMYK图像有4个颜色通道,Lab图

图5-2　CMYK模式的图像与通道

图5-3　Lab模式的图像与通道

像有3个颜色通道,灰度图只有1个颜色通道,它们包含了所有将被打印或显示的颜色,如图5-4所示。

在一幅图像中,像素点的颜色就是由这些颜色模式中原色信息来描述的,那么所有像素点所包含的某一种原色信息,便构成一个颜色通道。例如,一幅RGB图像的红色通道

图5-4　灰度模式的图像与通道

便是由图像中所有像素点的红色信息所组成，图像中的红色像素在红色通道的相应位置中表现比较亮；同样，绿色通道和蓝色通道也是如此，绿色通道中存放的是图像的绿色信息，图像中的绿色像素在绿色通道的相应位置中表现比较亮；蓝色通道中存放的是图像的蓝色信息，图像中的蓝色像素在蓝色通道的相应位置中表现比较亮。它们都是颜色通道，这些颜色通道的不同信息配比便构成了图像中的不同颜色的变化。每个颜色通道都是一幅灰度图像，它只代表一种颜色的明暗的变化，所有的颜色通道混合在一起时，便可形成图像的彩色效果，也就是构成了彩色的复合通道，RGB图像有1个复合通道和3个颜色通道。

我们在电脑中所接触的彩色图片，大部分都是RGB颜色模式的图片。所谓RGB模式，就是指彩色图片中的颜色都是由红、绿、蓝3种色彩调配出来的，在显像管的底部有红、绿、蓝3个电子枪，当红枪与绿枪同时照亮1个像素时，那么这个像素就呈现黄色；当红枪与蓝枪同时照亮1个像素时，这个像素就呈现紫色。在此3种色彩中，每一种所占比例的不同，便调配出了五彩缤纷的色彩。因此，这3种颜色被称为三原色。在Photoshop中，对于RGB模式的图片，会将此图片中的3种单色信息记录分别放在3个通道中，对其中的一个通道操作，就可以控制该通道所对应的一种原色。此外，复合通道存放3种单色叠加后的信息。

对于RGB模式的图像来说，颜色通道中较亮的部分表示这种颜色用量大，较暗的部分表示该颜色用量少；而对于CMYK图像来说，颜色通道中较亮的部分表示该颜色的用量少，较暗的部分表示该颜色用量大。所以当图像中存在整体的颜色偏差时，可以方便地选择图像中的一个颜色通道，并对其进行相应的校正。

如果某个RGB原稿色调中红色不够,我们对其进行校正时,就可以单独选择其中的红色通道来对图像进行调整,红色通道是由图像中所有像素点为红色的信息组成的,可以选择红色通道,提高整个通道的亮度,或使用填充命令在红色通道内填入具有一定透明度的白色,便可增加图像中红色的用量,达到调节图像的目的。

在彩色印刷中,颜料对光谱的吸收性与显像管的发射光谱是完全不同的,它用的是青、洋红、黄、黑4色调色模式。此4种颜色的颜料互相混合也可以调配出各种颜色,例如:洋红颜料和黄颜料可以混合出橙色,洋红颜料和青颜料可以混合出紫色等;一台喷墨打印机可以用此4种颜料打印出真彩的图片等。在电子图片中,记录该4种单色的彩色图片就叫作CMYK模式的图片。在Photoshop中,对于CMYK模式的图片,会将此图片的4种单色的信息记录分别放在4个通道中,对其中的一个单色通道操作,就可以控制该通道所对应的颜色。此外,还有一个复合通道,存放4种单色叠加后的信息。

灰度图像只记录图像的明暗,它只有一个灰色通道,没有颜色信息,就像黑白照片。

3. Alpha通道

通道除了可以保存颜色信息外,还可以保存选区的信息。Alpha通道主要用于创建和存储选区,将选区存储在Alpha通道中可使选区永久保留。创建并保存选区后,将以一个灰度图像保存在Alpha通道中,在需要时载入选区。在Photoshop中制作出的各种特殊效果都离不开Alpha通道,它最基本的用处是保存选区范围,并不会影响图像的显示和印刷效果。当图像输出到视频时,Alpha通道也可以用来决定显示区域。

Alpha通道是计算机图形学中的术语,指的是特别的通道。有时它指透明信息,通常是指"非彩色"通道。每个图像(16位图像除外)包含所有颜色通道和Alpha通道。所有通道具有8位灰度图像,可显示256级灰阶。Photoshop中可以随时增加或删除Alpha通道,可为每个通道指定名称、颜色、蒙版选项、不透明度,不透明度影响通道的预览,但不影响原来的图像。所有的新通道都具有与原图像相同的尺寸和像素数目,可使用工具进行编辑。

Alpha通道用来存储和编辑选区范围,以备以后调用,也可用于其他图像中。Alpha通道中,图像中被选中的像素为白色,未选中的像素为黑色,部分透明或被选中的像素显示为灰色,此类通道也能用于定义图像的透明区域,如图5-5所示。

4. 专色通道

专色通道是一种特殊的颜色通道,它可以使用除了青色、洋红、黄色、黑色以外的颜色来绘制图像。专色通道一般使用得较少,且多与打印相关。专色通道是特殊的预混油墨,用来替代或补充印刷色(CMYK)油墨。它将印刷特殊油墨的区域存储为图像,如印刷银色金属图案、荧光图案、烫金图案。每一个专色通道都有一个属于自己的印版,在打印一个含有专色通道的图像时,该通道将被单独打印输出,如图5-6所示。

保存专色信息的通道可以作为一个专色版应用到图像和印刷当中,这是它区别于Alpha通道的明显之处。同时,专色通道具有Alpha通道的一切特点:保存选区信息、透明度信息。每个专色通道只是以灰度图形式存储相应专色信息,与其在屏幕上的彩色显示无关。

图5-5 Alpha通道

图5-6 专色通道

5.1.2 通道控制面板

"通道"控制面板用于对通道的处理,用来创建和管理通道,并监视编辑效果。打开一个图像文件后,选择"窗口 | 通道"命令,即可出现"通道"控制面板,如图5-7所示。

图5-7 "通道"控制面板

通道中，第一个是复合通道（对于RGB、CMYK和Lab图像），它是单一颜色通道的复合；其次是单个颜色通道、专色通道，最下面的是Alpha通道。

"通道"面板中各个组成元素的功能如下：

（1）通道缩览图：用于显示该通道的内容，通过它可以迅速辨别每一个通道。

（2）通道名称：用于指定通道的名称，在新建Alpha通道时若不为新的通道命名，则系统会自动按顺序将其命名为"Alpha 1""Alpha 2"，依此类推；若新建的是专色通道，则系统会自动按顺序将其命名为"专色1""专色2"，依此类推。

（3）通道快捷键：在通道名称右边的Ctrl+1、Ctrl+2、Ctrl+3、Ctrl+4组合键为通道快捷键，按下这些组合键可以快速选中指定的通道。

（4）作用通道：也就是当前正在被用户修改编辑的通道，选中某一通道后，在"通道"面板中以蓝色显示。

（5）通道功能按钮：使用这些功能按钮可以实现很多巧妙的功能，包括"将通道作为选区载入" 、"将选区存储为通道" 、"创建新通道" 与"删除当前通道" 。这些按钮的具体描述如下：

① "将通道作为选区载入"：单击该按钮，可以调出当前通道所保存的选区。

② "将选区存储为通道"：单击该按钮，可以将当前选区保存为Alpha通道。

③ "创建新通道"：单击该按钮，可以创建一个新的Alpha通道。

④ "删除当前通道"：单击该按钮，可以删除当前选择的通道。

5.2 通道的基本操作

对于通道，Photoshop可以在通道面板中查看其内容，在各种通道间进行切换，还可以进行新建、复制、删除、分离和合并等操作。

5.2.1 新建通道

除了系统默认的通道外,也可以根据需要创建各种通道,如Alpha通道、专色通道。

1. 创建Alpha通道

要创建一个新的Alpha通道,单击"通道"面板右上角的三角按钮,可在"通道"面板的快捷菜单中选择"新建通道"命令。此时,将出现对话框,如图5-8所示。

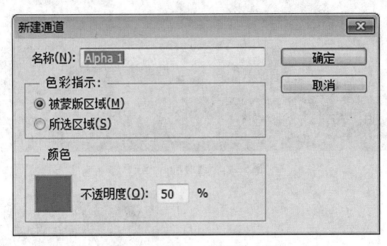

图5-8 "新建Alpha通道"对话框

在"新建通道"对话框中,可设置通道的名称和不透明度等参数。通过选择"色彩指示"选项区域中的"被蒙版区域"和"所选区域",可以决定新建通道的颜色显示方式。若选中"被蒙版区域",则新建通道中,黑色区域(即图像窗口中的有颜色区域)代表被蒙版遮盖的区域,白色区域才代表被选取区域;选中"所选区域",则与之相反,黑色区域(即图像窗口中的有颜色区域)代表所选区域,白色区域代表被蒙版遮盖的区域。单击"确定"按钮,即可在通道面板中看到新建的通道Alpha 1,如图5-9所示。

Alpha通道的快捷键有以下3种:

按Ctrl+Shift键并点击Alpha通道:将现有选区加入载入的Alpha通道选区(即加选);

按Ctrl+Alt键并点击Alpha通道:将现有的选区减去载入的Alpha通道选区(即减选);

按Ctrl+Alt+Shift键并点击Alpha通道:将现有的选区和载入的Alpha通道进行交集。

2. 创建专色通道

创建专色通道的方法是:单击"通道"面板右上角的三角按钮,再从面板菜单中选择"新建专色通道"命令。此时,将出现"新建专色通道"对话框,如图5-10所示。

图5-9　新建的Alpha通道

图5-10　"新建专色通道"对话框

图5-11　新建的专色通道

　　单击"颜色"按钮,将出现"拾色器"对话框,从中选择一种新的颜色后单击"确定"按钮,便可以为图像新建一个专色通道,如图5-11所示。

3. 将Alpha通道转换成专色通道

　　Alpha通道可以转换成专色通道。将普通的Alpha通道转换成专色通道的方法是:双击要转换的Alpha通道,出现对话框,如图5-12所示。

　　单击"色彩指示"选项区域中的"专色"单选按钮,单击"颜色"选项区域选取另一种颜色作为专色,在"不透明度"框中输入0%～100%之间的数值可以改变专色的密度。单击"确定"按钮,Alpha通道便转换成专色通道。

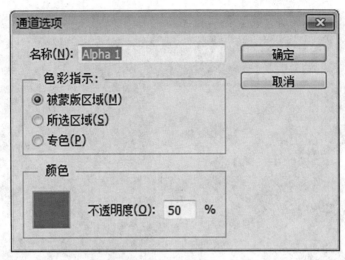

图5-12　转换通道

5.2.2　复制通道

当保存了一个选区范围后,如果希望对该选区范围进行编辑,一般要先将该通道的内容复制后再进行编辑,以免编辑后不能还原。复制通道的方法如下:

(1)选择通道面板中的一个通道"蓝",单击"通道"面板右上角的三角按钮,在弹出的面板菜单中,选择其中的"复制通道"命令,出现对话框,如图5-13所示。

图5-13　"复制通道"对话框

(2)设置相应的参数之后,单击"确定"按钮,即复制出一个新的通道,如图5-14所示。

提示:选择一个通道后,按下鼠标左键不放并拖动至 ![icon] 图标处,松开鼠标左键,则该通道被复制到一个Alpha通道中。

5.2.3　删除通道

删除不必要的通道,可以节省文件的存储空间和提高图像处理速度。删除通道的操作很简单,只须选中某个通道后,从通道面板快捷菜单中选择"删除通道"命令,或直接将其拖动至 ![icon] 图标处即可删除通道。

图 5-14　复制的通道副本

5.2.4　分离与合并通道

1. 分离通道

Photoshop 允许将一个图像文件的各个通道以单个文件的形式存储。分离通道时,会产生 4 个灰度文件并以原文件名加上四色字母来命名。分离通道作用有以下两点:

(1) 分离后进行专色设置,制作特定效果;

(2) 文件特别大时,分离后单独操作。

例如,打开图像文件"5-2.jpg"后,单击通道面板右上角的三角按钮,再单击弹出的面板快捷菜单中的"分离通道"命令,便将"5-2.jpg"分离成"5-2_R.jpg""5-2_G.jpg""5-2_B.jpg"3 个独立的文件,分别保存了原图像文件的红色、绿色和蓝色通道信息。如图 5-15 所示。

2. 合并通道

Photoshop 也可以将多个灰度图像合并成一个图像。例如,在完成图 5-15 所示的分离通道操作后,单击通道面板右上角的三角按钮,再单击弹出的面板快捷菜单中的"合并通道"命令,会出现对话框,如图 5-16 所示。

在"模式"下拉列表框中选取"RGB 颜色"选项,单击"确定"按钮,将出现"合并 RGB 通道"对话框,如图 5-17 所示。

注意: 所有被合并的图像都必须为"灰度"模式,并具有相同的像素尺寸,且是打开的。

5-15 分离通道

图5-16 "合并通道"对话框

图5-17 "合并RGB通道"对话框

5.2.5 通道应用实例

1. 案例一：利用通道实现快速抠图

分析：有一些图片的轮廓是很复杂的，如果要将它们选取，无论用套索工具还是用魔术棒工具都很费时间，如果它的背景色和主体色都不是单一的颜色，通过颜色选取也不易成功。但彩色图片都有3～4个颜色通道，在对比度大一些的通道中通过颜色选取，成功率就会较高。通道抠图属于颜色抠图方法，利用了对象的颜色在红、黄、蓝三通道中对比度平同的特点，从而在对比度大的通道中对对象进行处理。先选取对比度大的通道，再复制该通道，在其中通过进一步增大对比度，再用魔术棒工具把对象选出来。可适用于色差不大，而外形又很复杂的图像的抠图，如头发、树枝。

通道里面有4个单色通道，单色通道是只让原本像素点中亮着的单一颜色点亮，当只选红色和绿色通道的时候，整体图片呈现黄色；只选红色和蓝色通道时，整体呈现紫色。只选单一通道时，它只有明暗变化。当进入通道，选择了单一的通道后，原本像素点中亮着的就变成白色的像素点，没亮的就变成黑色的像素点。

当在单一通道内载入选区时，选择的并不是单一颜色点，因为在RGB图片中最小的是像素单位，所以选择的其实是含有该颜色点的像素点。所以，转换为RGB全通道后，就可以选中所需要的部分。在通道副本中用白色画笔涂抹，就相当于打开了该区域像素点中的该颜色点的开关，选中后就会选中该像素，但是选好选区后通道副本被删除，所以图片颜色不变。两边向中间拉是调整"色阶"，就是让图像变得黑白分明，像素的明度值差别越大，越容易使用通道抠图。

（1）打开一幅"老鹰"图片，如图5-18所示，将文件存储为"老鹰.psd"。

（2）打开通道面板，仔细观察每一个通道，发现蓝色通道对比度大一些，如图5-19所示。

（3）复制蓝色通道，在复制的蓝色通道中，通过颜色选取老鹰，执行"图像｜调

图5-18　老鹰图片

图5-19　蓝色通道中的图像

整 | 色阶",将黑色的小三角向右移动,调整暗色调的色阶,然后再将白色的小三角向左移,调整亮色调的色阶,以此来将图像中老鹰和背景的色调分离出来,也可以在上面输入色阶:135/1.00/195,如图5-20所示。老鹰的轮廓已经基本上和背景分离出来了,如图5-21所示。

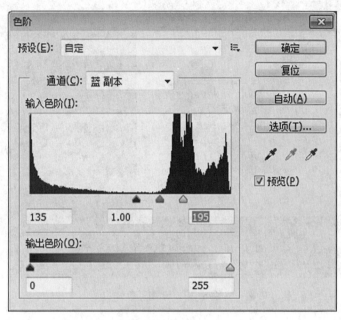

图5-20 调整色阶

图5-21 调整色阶

（4）然后，用画笔工具将老鹰里面的白色涂抹成黑色，如图5-22所示。

图5-22 设置黑色

（5）执行"图像丨调整丨反相"，将老鹰部分变成白色，也就是选择区域，其他部分变黑，单击通道面板下面的"将通道作为选区载入"，如图5-23所示。

图5-23 设置黑色

（6）单击RGB通道栏，然后回到图层面板，选择背景图层，老鹰图形便选取完毕，复制该选区，如图5-24所示。

图5-24 老鹰图形选取完成

（7）打开图片"草原.jpg"，如图5-25所示。

图5-25 打开草原图片

（8）将老鹰选区复制到草原图片上，并执行Ctrl+T，调整到合适的尺寸，如图5-26所示。

图5-26　复制老鹰

（9）最后，点击Enter，确认调整，保存图片为"案例5-1.jpg"，如图5-27所示。

图5-27　保存图片

2. 案例二：添加专色通道

分析：在印刷行业中，为了使图片的色彩更鲜艳、更真实，往往设置一种或两种专色。如果不是用于印刷，当然也可以通过设置专色的方法编辑画面的色彩。

（1）打开一幅彩色图像"案例5-2.jpg"，如图5-28所示。

图5-28 打开图像

（2）打开"通道"面板，在通道面板底部单击 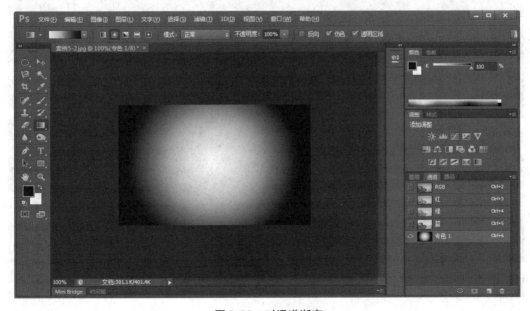 图标，创建一个Alpha通道。然后选择渐变工具，设为径向渐变，在Alpha通道中绘制，如图5-29所示。

图5-29 对通道渐变

（3）单击通道面板右上角图标 ▼≡ ，选择"通道选项"，打开"通道选项"对话框，勾选"专色"，在颜色框内单击鼠标左键，选取一种颜色，单击"确定"，如图5-30所示。

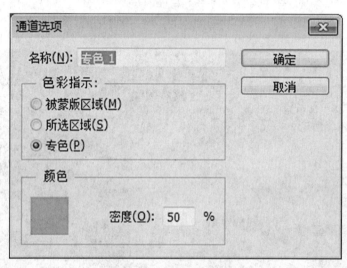

图5-30　通道选项对话框

（4）将所有通道层都显示出来，这时图像中增加了一种色彩，此色彩由Alpha通道控制，如图5-31所示。

（5）单击"通道"面板上的"合并单色通道"，将专色通道合并到单色通道中去，将文件保存为"案例5-2.psd"，并另存为"案例5-2new.jpg"，如图5-32所示。

图5-31　增加一种色彩

图5-32 保存图片

5.3 蒙版的基本概念

蒙版是一种遮盖工具，它可以分离和保护图像的某个局部区域。蒙版可以保护图像的任何区域都不受编辑的影响，并能使对它的编辑操作应用到它所在的图层，从而在不改变图像信息的情况下得到实际的操作结果。当要给图像的某些区域运用颜色变化、滤镜和其他效果时，蒙版可以隔离和保护图像的其余区域。任何绘图、编辑工具、滤镜、色彩校正、选项工具都可以用来编辑蒙版。当然，这些操作只作用于蒙版，也就是只改变选择区域的形状及边缘柔和度，图像本身保持未激活状态。

当一幅图像上有选定区域时，对图像所作的着色或编辑都只对不断闪烁的选定区域有效，其余部分好像是被保护起来了。但这种选定区域只是临时的，为了保存多个可以重复使用的选定区域以便以后编辑，就产生了蒙版。蒙版与选区范围的功能基本相同，两者之间可以相互转换，但是又有所区别。选区范围是一个透明的虚框，而蒙版是一个半透明或不透明的有色形状遮盖，可以在蒙版状态下对被蒙版的区域进行修改、编辑甚至是滤镜、变形、转换等操作，然后转换为选区应用到图像中。

另外，蒙版可以把选区存储为Alpha通道，并可重新调出它们，以便再次使用，Alpha通道可以转换为选区，然后用于图像编辑。而且蒙版可以将选区保存，或者可以将存储的选区载入另一个图像中。

蒙版是Photoshop中指定选择区域轮廓的最精确的方法,它实质上是一个独立的灰度图像,用户可以像编辑其他图像那样编辑它们。它将不同的灰度色值转化为不同的透明度,使受其作用图层上的图像产生相对应的透明效果。它的模式为灰度,范围为0～100,黑色为完全透明,白色为完全不透明。对蒙版的修改、变形等编辑是在一个可视的区域里进行的,和对图像的编辑一样方便,具有良好的可控制性。对于蒙版,绘制为黑色的区域受到保护,绘制为白色的区域可进行编辑。因为蒙版是作为8位灰度通道存放的,所以可用所有绘画和编辑工具细调和编辑它们。在通道面板中选中一个蒙版通道后,前景色和背景色都以灰度显示。

在处理图片时,可能会无意中将本来应该保留的部分去掉;或是建立比较复杂的选择区域,对一张图片上的部分内容进行选取时,发现还有需要选择的部分没有选择进来。为了避免这种情况,可以使用蒙版工具,使对图像编辑时减少误操作的发生,并且蒙版在图片融合、形成特殊效果、建立复杂的选择区方面有着其独特的功能。

蒙版包括4种:快速蒙版、图层蒙版、剪贴蒙版和矢量蒙版。某种意义上说,通道也是一种蒙版。快速蒙版、图层蒙版和通道蒙版用黑色到白色(无彩色)进行编辑,纯白色涂抹过的地方将完全显示图像,纯黑色涂抹过的地方将完全隐藏图像,灰色为透明显示。在通常情况下使用蒙版隔离图像或创建特定的选区。

5.3.1 蒙版的类型

1. 快速蒙版

快速蒙版功能可以快速地将一个选区变成一个蒙版,并可以对这个蒙版进行编辑或处理,以精确选区范围。当在快速蒙版模式中工作时,"通道"面板中出现一个临时"快速蒙版"通道,其作用与将选区范围保存到通道中相同,当切换为标准模式后,快速蒙版就会马上消失,退出快速蒙版模式时,未被保护的区域就变成一个选区。

从选中区域开始,可以使用快速蒙版模式在该区域中执行添加或减去操作,以创建蒙版。另外,也可完全在快速蒙版模式中创建蒙版。受保护区域和未受保护区域以不同颜色进行区分。当离开快速蒙版模式时,未受保护区域成为选区。在快速蒙版模式中工作时,"通道"面板中出现一个临时快速蒙版通道。但是,所有的蒙版编辑是在图像窗口中完成的。

快速蒙版的作用是通过用黑白灰三类颜色画笔来作选区,白色画笔可画出被选择区域,黑色画笔可画出不被选择区域,灰色画笔画出半透明选择区域。

2. 图层蒙版

图层蒙版就是加在图层上的一个遮盖,可以使用图层蒙版遮蔽整个图层或图层组,或者只遮蔽其中的所选部分。也可以编辑图层蒙版,向蒙版区域中添加内容或从中删除内容。图层蒙版是灰度图像,所以在图层蒙版上用户只能用灰度值来进行操作,用黑色绘制的内容将会被隐藏,用白色绘制的内容将会被显示,而用灰色色调绘制的内容将以各级透明度显示。图层蒙版相当于一块能使物体变透明的布,在布上涂黑色时,物体变透明,在布上涂白色时,物体显示,在布上涂灰色时,为半透明状态。

图层蒙版就是在当前图层上,露出部分图像,方便修改。如果使用删除功能将不需要的部分删除掉,那么将来在需要调整的时候还需要重新置入图片,因为多余的部分已经删除掉了。如果使用蒙版的话,可以随时调整蒙版,让更多或更少的部分露出来。

图层蒙版是一种特殊的选区,但它的目的并不是对选区进行操作,相反,而是要保护选区不被操作。同时,不处于蒙版范围的地方则可以进行编辑与处理。

图层蒙版跟常规的选区颇为不同。常规的选区表现了一种操作趋向,即将对所选区域进行处理;而蒙版却相反,它是对所选区域进行保护,让其免于操作,而对非掩盖的地方应用操作。

Photoshop中的图层蒙版中只能用黑白色及其中间的灰色过渡色。在蒙版中的黑色就是蒙住当前图层的内容,显示当前图层下面的层的内容来,蒙版中的白色则是显示当前层的内容。蒙版中的灰色是半透明状的,当前图层下面的层的内容则若隐若现。蒙版就是用黑白灰来表现透明状态的。

3. 剪贴蒙版

剪贴蒙版由两个或者两个以上的图层组成,最下面的一个图层叫作基底图层(简称基层),位于其上的图层叫作顶层。基层只能有一个,顶层可以有若干个。Photoshop的剪贴蒙版可以理解为:上面层是图像,下面层是外形。剪贴蒙版的好处在于不会破坏原图像(上面图层)的完整性,并且可以在下层随意处理。

剪贴蒙版和被蒙版的对象起初被称为剪切组合,并在"图层"面板中用虚线标出。

可以从包含两个或多个对象的选区,或者从一个组或图层中的所有对象来建立剪切组合。

可以使用上面图层的内容来蒙盖它下面的图层。底部或基底图层的透明像素蒙盖它上面的图层(属于剪贴蒙版)的内容。

例如,一个图层上可能有某个形状,上层图层上可能有纹理,而最上面的图层上可能有一些文本。如果将这3个图层都定义为剪贴蒙版,则纹理和文本只通过基底图层上的形状显示,并具有基底图层的不透明度。请注意,剪贴蒙版中只能包括连续图层。蒙版中的基底图层名称带下划线,上层图层的缩览图是缩进的。另外,重叠图层显示剪贴蒙版图标。"图层样式"对话框中的"将剪贴图层混合成组"选项可确定基底效果的混合模式是影响整个组还是只影响基底图层。

剪贴蒙版是一个可以用其形状遮盖其他图的对象,因此,使用剪贴蒙版,只能看到蒙版形状内的区域,从效果上来说,就是将图稿裁剪为蒙版的形状。

4. 矢量蒙版

矢量蒙版,顾名思义,就是可以任意放大或缩小的蒙版。

简单地说,矢量就是不会因放大或缩小操作而影响清晰度的图像。一般的位图包含的像素点在放大或缩小到一定程度时会失真,而矢量图的清晰度不受这种操作的影响。

蒙版是可以对图像实现部分遮罩的一种图片,遮罩效果可以通过具体的软件设定,就是相当于用一张掏出形状的图板蒙在被遮罩的图片上面。

矢量蒙版是通过形状控制图像显示区域的，它仅能作用于当前图层。矢量蒙版中创建的形状是矢量图，可以使用钢笔工具和形状工具对图形进行编辑修改，从而改变蒙版的遮罩区域，也可以对它任意缩放而不必担心产生锯齿。

5.3.2 蒙版的对话框

在工具箱中双击"以快速蒙版模式编辑"按钮 ▣，可以打开"快速蒙版选项"对话框，如图5-33所示。

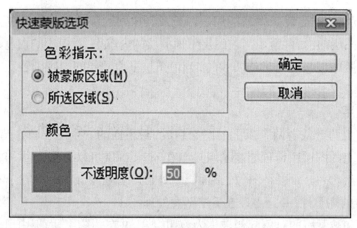

图5-33 "快速蒙版选项"对话框

若选中"所选区域"选项，则对所选区域设置蒙版颜色和不透明度，也就是说蒙版在所选区域上而不是在未选区域上；若选中"被蒙版区域"选项，则跟以上相反，蒙版在未选区域上而不是在所选区域上。用户可以在"颜色"选项组中设置蒙版颜色和不透明度。更改这些设置能使蒙版与图像中的颜色对比更加鲜明，从而具有更好的视觉效果。

提示：颜色和不透明度设置都只是影响蒙版的外观，对保护蒙版下面的区域没有影响。

5.4 蒙版的使用方法

5.4.1 快速蒙版的创建和编辑

1. 创建快速蒙版

使用快速蒙版可以快速地将一个选区范围变成一个蒙版，使用方法是：先在工具箱中选择"以快速蒙版模式编辑"按钮 ▣，进入快速蒙版模式，在"通道"面板中会出现一个"快速蒙版"的通道，如图5-34所示。

图5-34 快速蒙版

2. 快速蒙版的编辑

快速蒙版模式下,可以将任何选区作为蒙版进行编辑,而无须使用"通道"面板。将选区作为蒙版来编辑时,几乎可以使用任何Photoshop工具或滤镜来修改蒙版。使用快速蒙版来建立选区,可以在蒙版上使用画笔等绘图工具建立选区,使用橡皮等修改工具来修改选区,蒙版与选区可以快速相互转换,从而获得满意的选区效果。例如,如果用选框工具创建了一个矩形选区,可以进入快速蒙版模式并使用画笔扩展或收缩选区,也可以使用滤镜扭曲选区边缘。此外,还可以使用选区工具。

在快速蒙版模式下进行编辑,编辑完毕后,单击"以标准模式编辑"按钮 ▣ 切换为标准模式即可。

5.4.2 图层蒙版的创建和编辑

1. 创建图层蒙版

利用图层蒙版,可以控制图层中的不同区域的显示或隐藏,通过更改图层蒙版,可以将大量特殊效果应用到图层,而不会影响该图层上的像素。建立图层蒙版的方法如下:

如果需要给整个图层添加蒙版,可以在"图层"面板中选择要添加蒙版的图层,然后执行下面的操作:

(1)创建显示整个图层的蒙版。在"图层"面板中单击"添加图层蒙版"按钮 ▣ 或者执行"图层丨图层蒙版丨显示全部"命令。

(2)创建隐藏整个图层的蒙版。按住Alt键并在"图层"面板中单击"添加图层蒙版"按钮或者执行"图层丨图层蒙版丨隐藏全部"命令。

(3)如果需要给某个选区添加蒙版,先在图像中建立一个区域,在"图层"面板中单击"添加图层蒙版"按钮 ▣,或执行"图层丨图层蒙版丨显示选区"命令。添加图层蒙版后,"图层"面板显示如图5-35所示。

图 5-35　"图层"面板　　　　　　　图 5-36　停用图层蒙版标记

2. 图层蒙版的编辑

图层使用蒙版后,若需要暂停使用图层蒙版,可以在"图层"面板中单击需要停用蒙版的图层,然后执行"图层 | 图层蒙版 | 停用"命令,图像恢复到没有使用图层蒙版之前的样式,并在蒙版缩览图上被标记一个红色的 ×,表示蒙版被停用,如图 5-36 所示。

蒙版停用后若要重新启用,可以先选中需要启用蒙版的图层,然后执行"图层 | 图层蒙版 | 启用"命令即可。

完成图层蒙版的创建后,既可以应用蒙版并使更改永久化,也可以扔掉蒙版而不应用更改。应用或删除图层蒙版的方法为:在"图层"面板中单击图层蒙版缩览图,若要删除图层蒙版,并使更改永久生效,可以单击"删除图层"按钮,打开提示对话框,如图 5-37 所示。

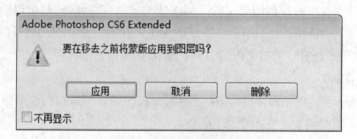

图 5-37　提示对话框

在对话框中选择"应用"按钮;若要删除图层蒙版而不应用更改,可以在对话框中单击"删除"按钮即可;也可以执行"图层 | 图层蒙版 | 应用"命令或"图层 | 图层蒙版 | 删除"命令,实现应用或删除图层蒙版。

5.4.3 剪贴蒙版的创建及编辑

1.剪贴蒙版的创建

剪贴蒙版,也称"剪贴组",是由图层转换而来的,该命令是通过使用处于下方图层的形状来限制上方图层的显示状态,达到一种剪贴画的效果,即"下形状上图像"。剪贴蒙版用于抠图,可以制作一些特殊的效果。

选择一个底图,在上面可以创建一个剪贴蒙版。创建剪贴蒙版的方法有以下3种:

(1)可以在"图层"面板中选择一个图层,执行"图层 | 创建剪贴蒙版"命令,快捷键为Alt+Ctrl+G。

(2)在图层上面单击鼠标右键,在弹出的快捷菜单中选择"创建剪贴蒙版"。

(3)可以按住Alt键,用鼠标在"图层"面板上分隔两个图层的线上,出现图标(在矩形左边有一个向下的箭头)后单击左键。建立剪贴蒙版后,上方图层缩略图缩进,并且带有一个向下的箭头,如图5-38所示。

图5-38　创建剪贴蒙版

2.剪贴蒙版的编辑

剪贴蒙版使用处于下方图层的形状来限制上方图层的显示状态,达到一种剪贴画的效果。例如,下方图层设置为椭圆,上方图层设置为花朵图像,则下方图层的椭圆形状可以限制上方图层花朵图像的显示效果,下方椭圆图层的透明像素可以蒙盖上方花朵图层的内容。此时"图层"面板如图5-39所示。

创建了剪贴蒙版以后,当不再需要的时候,可以选择"图层"面板中剪贴蒙版中的图

图 5-39　创建剪贴蒙版后的图像

层,执行"图层 | 释放剪贴蒙版",快捷键Shift+Ctrl+G,即可从剪贴蒙版中移去所选图层和它上面的任何图层。

5.4.4　矢量蒙版的创建及编辑

1. 矢量蒙版的创建

矢量蒙版在数码编辑中运用非常广泛,可以随意放大或缩小,不受约束。矢量蒙版主要是在图层面板中使用的,它是使用形状或路径工具获得选区,如钢笔、自定义形状等矢量工具创建,与分辨率无关,当前图像不管被放大多少,都不会失真和产生锯齿。

打开一张图片,在上面可以创建一个矢量蒙版。创建矢量蒙版的方法有:

(1)选择一个图层,选择"图层 | 矢量蒙版 | 显示全部"命令,如图5-40所示。

(2)选择"图层 | 矢量蒙版 | 隐藏全部",创建一个灰色的矢量蒙版,如图5-41所示。

2. 矢量蒙版的编辑

矢量蒙版可以在图层上创建形状,在"图层"面板中,选择要添加矢量蒙版的图层,选择一条路径或使用形状、钢笔工具绘制路径,例如,选择"自定义形状工具",在选项栏中选择"路径选项",打开"形状"下拉面板,选择心形图形,在图像中单击并拖动鼠标绘制心形路径,如图5-42所示。

然后,执行"图层 | 矢量蒙版 | 当前路径",即可基于当前路径创建矢量蒙版,路径区域以外的图像将会被遮盖,如图5-43所示。

编辑矢量蒙版,只须单击图层面板中的矢量蒙版缩览图或路径面板中的缩览图,然后使用形状和钢笔工具更改形状即可。

图5-40 矢量蒙版显示全部

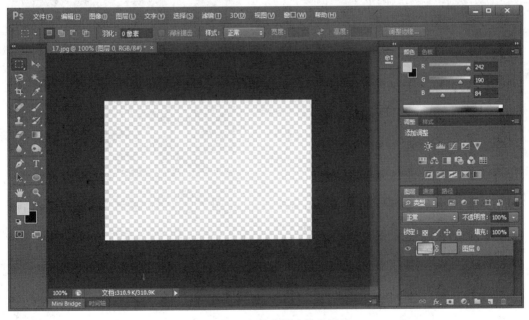

图5-41 矢量蒙版隐藏全部

图5-42 自定义形状

图5-43　矢量蒙版的编辑

　　停用蒙版时,图层调板中的蒙版缩览图上会出现一个红色的×,并且会显示出不带蒙版效果的图层内容,如图5-44所示。

　　停用或启用矢量蒙版的方法有以下两种:

　　(1)按住Shift键并点击图层调板中的矢量蒙版缩览图。

　　(2)选择要停用或启用的矢量蒙版所在的图层,并选取"图层 | 停用矢量蒙版"或"图层 | 启用矢量蒙版"。

　　可以将矢量蒙版转换为图层蒙版,方法为:选择要转换的矢量蒙版所在的图层,并执行"图层 | 栅格化 | 矢量蒙版",即可转换为图层蒙版。

图5-44　停用矢量蒙版

　　如果想要删除矢量蒙版,可以将矢量蒙版缩览图拖移到"回收站"按钮,或者选择要删除的矢量蒙版所在的图层,并执行"图层 | 矢量蒙版 | 删除"命令,即可删除矢量蒙版。

5.4.5　蒙版应用实例

1. 案例一：利用快速蒙版实现过渡效果

　　(1)打开一幅图片"5-风景",将文件存储为"5-3风景.psd",在"图层"面板中将"背景"图层复制一个副本,如图5-45所示。

图5-45　风景图片

（2）设置前景色为黑色，背景色为白色，选中"背景"图层，执行Ctrl+Delete，将背景图层填充为白色，如图5-46所示。

图5-46　填充背景色

（3）选择"背景副本"图层，单击工具箱中的"以快速蒙版模式编辑"按钮 ，进入快速蒙版模式，选择渐变工具，设置前景色为黑色，渐变名称为"前景色到透明渐变"，在

属性栏中设置渐变方式为"线性渐变",如图5-47所示。

图5-47　渐变编辑器

（4）在图像中按下鼠标左键并从左向右拖动,绘制红色到透明的水平渐变,如图5-48所示。

图5-48　绘制渐变

（5）单击工具箱中的"以快速蒙版模式编辑"按钮，退出快速蒙版模式，可以看到图像右侧区域变成选区，如图5-49所示。

图5-49 退出快速蒙版模式

（6）按下Delete键，删除选区内的图像，可看到从图像到白色的渐变效果，如图5-50所示。

图5-50 实现渐变

（7）最后，执行Ctrl+D取消选区，保存文件，并另存为"5-3风景.jpg"，如图5-51所示。

图5-51　保存图片

2. 案例二：利用图层蒙版创建一幅混合图像

（1）打开彩色风景"1.jpg"和"5-4人物.jpg"两张图片素材，如图5-52所示。

图5-52　打开图片

（2）在"5-4人物.jpg"图片中，选择魔棒工具，在图像中选择人物外部的区域，如图5-53所示。

图5-53 使用魔棒

（3）然后执行"选择 | 反向"命令，选中人物，如图5-54所示。

图5-54 选中人物

（4）选择人物图像，设置羽化值为5像素，如图5-55所示。

图5-55　设置羽化

（5）选择移动工具，将人物图像拖动到风景图像中，移动到合适的位置，并执行Ctrl+T，进行自由变换，调整为合适的尺寸，如图5-56所示。

图5-56　拖动人物至风景图像

（6）点击Enter，确认变换。在"图层"面板中选择人物图层，单击"添加图层蒙版"按钮 ▣，再选择渐变工具，设置前景色为黑色，选择渐变名称为"前景色到透明渐变"，并交换两端色标的不透明度，设置为由透明到前景色的渐变效果，如图5-57所示。

图5-57 设置渐变

（7）在属性栏中设置渐变方式为"径向渐变"，在图像窗口按下鼠标左键，从中心向外拖动出一条渐变线，释放鼠标左键后，得到的效果如图5-58所示。

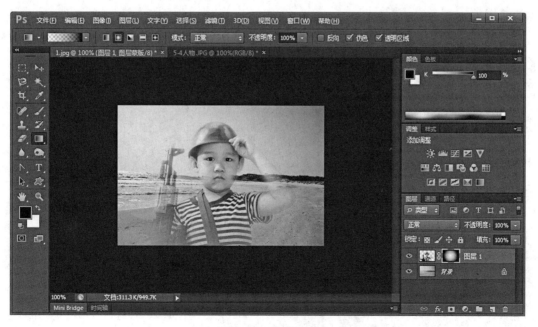

图5-58 拖动渐变

（8）最后，保存文件为"5-4合成.psd"，并另存为"5-4合成.jpg"，如图5-59所示。

图5-59　保存图片

第6章

滤镜与文字 ————————————————

滤镜是Photoshop中功能最丰富、效果最奇特的工具之一。利用Photoshop中的滤镜，可以为图像制作各种特殊艺术效果。此外，文字工具在图像处理中占据重要地位，滤镜和文字工具的结合应用，能制作神奇的文字特效。本章将系统地讲解滤镜的基本概念和使用方法、文字工具的基本操作和实例。

6.1 滤镜的基本概念

"滤镜"这一专业术语源于摄影领域，它是一种安装在摄影器材上的特殊镜头，使用它能够模拟一些特殊的光照效果或者带有装饰性的纹理效果。在Photoshop中，滤镜的功能得到了强化，作用领域也较为广泛。

简单地说，Photoshop中的滤镜就是给图片快速添加各种艺术效果的工具集合。滤镜是图像软件发展过程中的一个产物，它是应人们艺术欣赏水平的不断提高和需要处理具有复杂特效的图像而产生的。滤镜是一种植入Photoshop的外挂功能模块，或者也可以说它是一种开放式的程序。滤镜通过不同的方式改变像素数据，以达到对图像进行抽象化、艺术化的特殊处理效果。滤镜一般是遵循一定的程序算法，对图像中像素的颜色、亮度、饱和度、对比度、色调、分布、排列等属性进行计算和变换处理，其结果便是使图像产生特殊效果。

使用滤镜，可以让图像在顷刻之间就呈现出出人意料的奇幻效果。滤镜使用起来很简单，但是要真正地用好滤镜，还是需要有丰富的想象力和熟练的操控能力。它不仅可以修饰图像的效果并掩盖其缺陷，还可以在原有图像的基础上产生许多特殊的艺术效果。

在Photoshop CS6中，滤镜主要有两大类：内置滤镜和外挂滤镜。

内置滤镜：是集成在Photoshop CS6中的滤镜，其中包括常用滤镜和特殊滤镜。常用滤镜根据功能不同，被放置在不同类别的滤镜组中，如"风格化滤镜""模糊滤镜""扭曲滤镜"等。特殊滤镜被单独列出，如"滤镜库""自适应广角""镜头校正""液化""油画""消失点"等滤镜。

外挂滤镜：如果我们想实现额外的滤镜效果，如抽出、降噪等滤镜，就需要使用外挂滤镜。外挂滤镜需要用户下载相应的安装文件进行安装。

所有滤镜的使用，都有以下6个相同的特点：

（1）滤镜的处理效果是以像素为单位的。

（2）当执行完一个滤镜后，可用"渐隐"对话框对执行滤镜后的图像与源图像进行混合。

（3）在任一滤镜对话框中，按 Alt 键，对话框中的"取消"按钮变成"复位"按钮，单击它可恢复到打开时的状态。

（4）在位图和索引颜色的色彩模式下，不能使用滤镜。

（5）在 Photoshop 中，可对选区图像、整个图像、当前图层或通道起作用。

（6）使用"编辑"菜单中的"还原"和"重做"命令可以对比执行滤镜前后的效果。

6.2 常用滤镜的使用方法

选择"滤镜"命令，就可以看到常用的滤镜，如图 6-1 所示。

图 6-1　常用滤镜

下面分别对常用滤镜进行简单的介绍。

6.2.1 风格化滤镜

风格化滤镜是通过移动、置换或拼贴图像的像素，并查找和增加图像中的对比度，在选区上产生不同风格的印象派艺术效果或其他画派般的作画风格。风格化滤镜中有如下 8 种滤镜，如表 6-1 所示。

表 6-1　风　格　化　滤　镜

滤　　镜	产　生　效　果
查找边缘	可以强调图像的轮廓，用彩色线条勾画出彩色图像边缘，用白色线条勾画出灰度图像边缘。
等高线	可以查找图像中主要亮度区域的过渡区域，并对每个颜色通道用细线勾画出图像细细的轮廓。

（续表）

滤　镜	产　生　效　果
风	可以在图像中创建细小的水平线以模拟风效果。
浮　雕	可以将图像的颜色转换为灰色,并用原图像的颜色勾画边缘,使选区显得突出或下陷,从而生成具有凹凸感的浮雕效果。
扩　散	滤镜根据所选的选项搅乱选区内的像素,使选区看起来聚焦较低。
拼　贴	可以将图像拆散为一系列的拼贴。
曝光过度	可以混合正片和负片图像,与在冲洗过程中将相片简单地曝光以加亮相似。
凸　出	可以创建三维立体图像。

下面对各种风格化滤镜进行详细的介绍和参数说明。

1. 查找边缘

该滤镜能搜寻主要颜色变化区域并强化其过渡像素,使图像看起来像用铅笔勾画过轮廓一样。打开一幅原始图片,对它执行"查找边缘"滤镜,对比效果如图6-2和6-3所示。

图6-2　原始图片　　　　　　图6-3　执行"查找边缘"

2. 等高线

该滤镜可以在图像的亮处和暗处的边界绘出比较细、颜色比较浅的线条。打开"等高线"对话框,如图6-4所示。

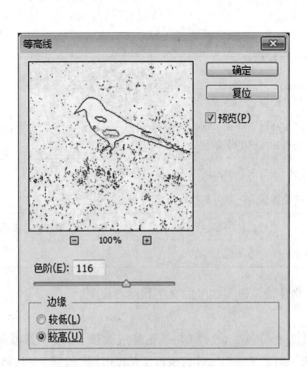

图6-4 等高线

该滤镜的相关参数为：

■ 色阶：调整当前图像等高线的色阶。

■ 边缘：设置等高线的边缘高低。

● 较低(Lower)：勾选此项命令，等高线会较低一些。

● 较高(Upper)：勾选此项命令，等高线会较高一些。

执行完等高线命令后，计算机会把当前文件图像以线条的形式显示。打开一幅图片，对它执行"等高线"滤镜，对比效果如图6-5和6-6所示。

图6-5 原始图片

图6-6 执行"等高线"

3. 风

该滤镜在图像中创建水平线,以模拟风的动感效果。它是制作纹理或为文字添加阴影效果时常用的滤镜工具。打开"风"对话框,如图6-7所示。

图6-7 风

该滤镜的相关参数为:

■ 方法:
  ● 风:此命令是计算机默认的一种风。
  ● 大风:勾选此命令,风的效果较高一些。
  ● 飓风:勾选此命令,风的效果会更高一些。一般情况不勾选飓风。
■ 方向:
  ● 从右:此命令是调整风的方向。
  ● 从左:此命令是调整风的方向。

打开一幅图片,对它执行"风"命令,对比效果如图6-8和6-9所示。

4. 浮雕效果

该滤镜能通过勾画图像的轮廓和降低周围色值来产生灰色的浮凸效果。打开"浮雕效果"对话框,如图6-10所示。

图6-8　原始图片　　　　　　　　　　　　图6-9　执行"风"

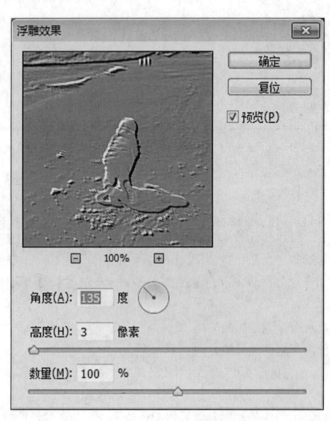

图6-10　浮雕效果

该滤镜的相关参数为：

■ 角度：调整当前图像浮雕效果的角度。

■ 高度：调整当前文件图像凸出的厚度。

■ 数量：数值越大，图片本身的纹理也会被很清楚地看到。

打开一幅图片，对它执行"风"命令，图像会自动变为深灰色，图像有凸出的感觉，对比效果如图6-11和6-12所示。

 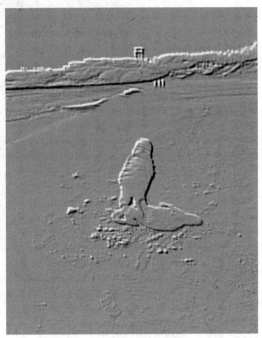

图6-11 原始图片　　　　　　　　　图6-12 执行"浮雕效果"

5. 扩散

该滤镜通过随机移动像素或明暗互换，使图像看起来像是透过磨砂玻璃观察的模糊效果。打开"扩散"对话框，如图6-13所示。

该滤镜的相关参数为：

■ 模式：

● 正常：计算机默认的扩散效果。

● 变暗优先：勾选此项，图像会变暗扩散。

● 变亮优先：勾选此项，图像会变亮扩散。

● 各向异性：勾选此项，图像里的像素会扩散，变得柔和。

打开一幅图片，对它执行"扩散"命令，对比效果如图6-14和6-15所示。

图6-13 扩散

图6-14 原始图片

图6-15 执行"扩散"

6. 拼贴

该滤镜能根据参数设置对话框中的参数值将图像分成许多小方块,使图像看起来像是由许多画在瓷砖上的小图像拼成的一样。打开"拼贴"对话框,如图6-16所示。

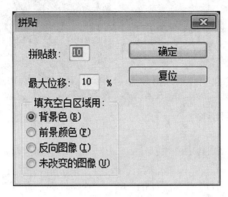

图6-16　拼贴

该滤镜的相关参数为:

- 拼贴数:调整当前拼贴的数量。
- 最大位移:调整当前拼贴之间的间距。
- 填充空白区域用:
  - 背景色:以背景色补充拼贴之间间距的空白处。
  - 前景颜色:以前景颜色补充拼贴之间间距的空白处。
  - 反选图像:在进行拼贴后,图像会自动保留一份在后面进行反选图像。
  - 未改变的图像:计算机会自动复制一份,把复制的图像进行拼贴。

打开一幅图片,对它执行"拼贴"命令,对比效果如图6-17和6-18所示。

图6-17　原始图片

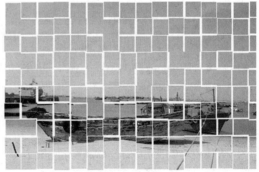

图6-18　执行"拼贴"

7. 曝光过度

该滤镜产生图像正片和负片混合的效果,类似摄影中的底片曝光。打开一幅图片,对它执行"曝光过度"命令,对比效果如图6-19和6-20所示。

图6-19　原始图片　　　　　　　　　　　图6-20　执行"曝光过度"

8. 凸出

该滤镜根据在对话框中设置的不同选项，为选择区域或图层制作一系列的块状或金字塔状的三维纹理。它比较适用于制作刺绣或编织工艺所用的一些图案。打开"凸出"滤镜对话框，如图6-21所示。

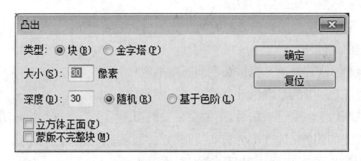

图6-21　凸出滤镜

该滤镜的相关参数为：

- 类型：设置凸出的纹理类型。
  - 块（Blocks）：勾选此命令，凸出的纹理会以块出现。
  - 金字塔（Pyramids）：勾选此命令，凸出的纹理会以金字塔形出现。
- 大小：调整凸出类型的大小。
- 深度：调整凸出类型的深度。
  - 随机：勾选此项，可以为每个块或金字塔设置一个随机的深度。
  - 基于色阶：勾选此项，基于色阶来调整图片。
- 立方体正面：勾选此项，将用该块的平均颜色填充立方块的正面。
- 蒙版不完整块：勾选此项，计算机会把当前图片变为正方体进行凸出，隐藏所有延伸出选区的对象。

打开一幅原始图片，对它执行"凸出"滤镜，对比效果如图6-22和6-23所示。

图6-22 原始图片

图6-23 执行"凸出滤镜"

6.2.2 模糊滤镜

"模糊"滤镜可以使图像中过于清晰或对比度过于强烈的区域,产生模糊效果,从而可以柔滑边缘,还可以制作柔和影印。它可以平衡图像中已定义的线条和遮蔽区域的清晰边缘旁边的像素,减少像素间的差异,使明显的边缘模糊,使变化显得柔和,或使突出的部分与背景更接近。常用的模糊滤镜效果如表6-2所示。

表6-2 模 糊 滤 镜

滤 镜	产 生 效 果
场景模糊	可以在图片上添加多个模糊点,分别控制不同地方的清晰或模糊程度。
光圈模糊	将镜头的焦点对准图像中的某一特定对象,该滤镜在需要聚焦的对象周围创建一个变亮的椭圆区域,可以对椭圆的大小进行调节,来改变聚焦区域的大小和角度。椭圆外的区域,是可以被模糊环和模糊滑块所控制的模糊区域。
倾斜偏移	可以让图片产生类似于微缩景观的效果。模糊环所在中心的矩形是聚焦区域,任何位于这一区域内的图像将100%可见。模糊环可以控制聚焦区域以外图像的模糊程度,还可以拖动它将聚焦/模糊区域移动到图像的任意位置上。图像的主题位于聚焦区域中,如果主题比聚焦区域大或者小,可以通过对聚焦线的位置进行上下调整,来改变聚焦区域的大小。
动感模糊	能以某种方向(从-360度至+360度)和某种强度(从1到999)模糊图像。此滤镜效果类似于用固定的曝光时间给运动的物体拍照。
方框模糊	以一定大小的矩形为单位,对矩形内包含的像素点进行整体模糊运算并生成相关预览。相比高斯模糊,阈值调节精度较小。
高斯模糊	可以按可调的数量快速地模糊选区。高斯是指Photoshop对像素进行加权平均时所产生的菱状曲线。该滤镜可以添加低频的细节并产生朦胧效果。
进一步模糊	可以消除图像中有明显颜色变化处的杂点。该滤镜与模糊滤镜的效果相似,但它的模糊程度大约是模糊滤镜的3到4倍。
径向模糊	可以模糊前后移动相机或旋转相机产生的模糊,以制作柔和的效果。选取"Spin"可以沿同心弧线模糊,然后指定旋转角度;选取"Zoom"可以沿半径线模糊,就像是放大或缩小图像。

（续表）

滤　镜	产　生　效　果
镜头模糊	通过多个阈值的调节,模拟镜头模糊后的拍摄效果。
模　糊	可以模糊图像,对修饰图像非常有用。模糊的原理是将图像中要模糊的与硬边区域相邻近的像素值平均,从而产生平滑的过滤效果。该滤镜通过减少相邻像素之间的颜色对比来平滑图像。它的效果轻微,能非常轻柔地柔和明显的边缘或凸起的形状。
特殊模糊	可以对一幅图像进行精细模糊。指定半径可以确定滤镜,搜索不同像素,确定模糊的范围;指定阈值可以确定像素被消除像素有多大差别;在对话框中也可以指定模糊品质;还可以设置整个选取的模式,或颜色过渡边缘的模式。
形状模糊	以一定大小的形状(可自定义)为单位,对形状范围内包含的像素点进行整体模糊运算并生成相关预览。

下面对一些常用的模糊滤镜进行详细介绍和参数说明。

1. 动感模糊

该滤镜可以产生运动模糊,它是模仿拍摄运动物体的手法,通过对某一方向上的像素进行线性位移,增加图像的运动模糊效果。用户还可以通过使用选区或图层,来控制运动模糊的效果区域。打开"动感模糊"对话框,如图6-24所示。

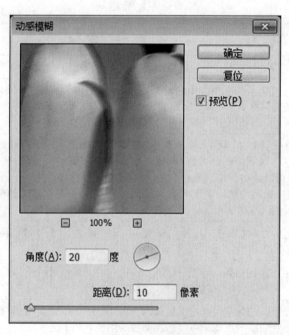

图6-24　动感模糊

该滤镜的相关参数为:

- 角度:调整当前图像的像素向两侧拉伸的角度,即对模糊的方向进行设置。
- 距离:调整当前图像的像素向两侧拉伸的距离,即对模糊的强度进行设置。可以拖动对话框底部的滑杆,来调整模糊的距离,或者直接输入数值。

打开一幅图片,对它执行"动感模糊"命令,对比效果如图6-25和6-26所示。

图6-25 原始图片

图6-26 执行"动感模糊"

2. 高斯模糊

该滤镜可以直接根据高斯算法中的曲线调节像素的色值,来控制图像的模糊程度,产生很好的朦胧效果。高斯是指对像素进行加权平均所产生的钟形曲线。打开"高斯模糊"对话框,如图6-27所示。

该滤镜的相关参数为:

■ 半径:取值范围是0.1～250,可以拖动对话框底部的滑杆,对当前图像模糊的程

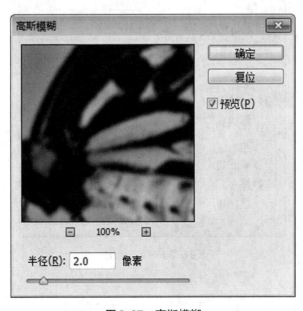

图6-27 高斯模糊

度进行调整,还可以直接输入数值。它以像素为单位,取值受图像分辨率的影响,取值较大时,处理速度会较慢。

打开一幅图片,对它执行"高斯模糊"滤镜,对比效果如图6-28和6-29所示。

图6-28　原始图片　　　　　　　　图6-29　执行"高斯模糊"

3. 径向模糊

该滤镜可以将图像旋转成圆形或从中心辐射图像,产生具有辐射性模糊的效果,即模拟相机前后移动或旋转产生的模糊效果。打开"径向模糊"对话框,如图6-30所示。

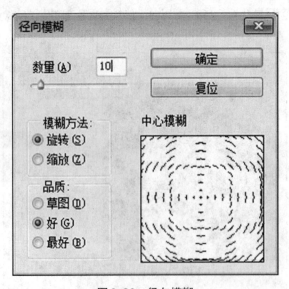

图6-30　径向模糊

该滤镜的相关参数为:

■ 数量:控制明暗度效果,并决定模糊的强度,取值范围是1～100。

- 模糊方法：提供了两个选项，即旋转和缩放。
  - 旋转：把当前文件的图像进行中心旋转式的模糊，模仿旋涡的质感。
  - 缩放：把当前文件的图像以缩放的效果出现，在做一些人物动感时的效果较好。
- 品质：设置模糊的品质，提供了三个选项，即草图、好、最好。
  - 草图：模糊的效果一般。
  - 好：模糊的效果较好。
  - 最好：模糊的效果特别的好。
- 中心模糊：使用鼠标拖动辐射模糊中心相对整幅图像的位置，如果放在图像中心则产生旋转效果，放在一边则产生运动效果。

打开一幅图片，对它执行"径向模糊"命令，对比效果如图6-31和6-32所示。

图6-31　原始图片

图6-32　执行"径向模糊"

4. 特殊模糊

该滤镜可以产生一种清晰边界的模糊方式，它自动找到图像的边缘，并只对边界线以内的区域进行模糊处理。它的好处是在模糊图像的同时仍使图像具有清晰的边界，可以除去图像色调中的颗粒、杂色。打开"特殊模糊"对话框，如图6-33所示。

该滤镜的相关参数为：

- 半径：设置模糊区域的半径，取值范围是0.1～100。
- 阈值：设置模糊区域的临界值，取值范围是0.1～100。
- 品质：设置模糊的质量，包括低、中、高三级。
- 模式：设置模糊的模式，包括正常、仅限边缘、叠加边缘。
  - 仅限边缘：会把当前图像背影自动变为黑色，图片中物体的边缘为白色。
  - 叠加边缘：会把当前图像一些纹理的边缘变为白色。

打开一幅图片，对它执行"特殊模糊"命令，对比效果如图6-34和6-35所示。

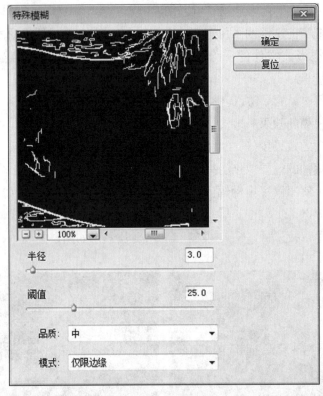

图 6-33　特殊模糊

图 6-34　原始图片

图 6-35　执行"特殊模糊"

6.2.3　扭曲滤镜

　　"扭曲"滤镜可以对图像进行几何变化,将图像作几何方式的变形处理,生成一种从波纹到扭曲或三维的变形图像特殊效果。它主要用来产生各种不同的扭曲效果,从水滴形成的波纹到水面的旋涡效果都可以处理。在 Photoshop 中,扭曲滤镜效果共包括9种滤镜,如表6-3所示。

表6-3 扭 曲 滤 镜

滤 镜	产 生 效 果
波 浪	可以产生多种波浪效果。该滤镜包括Sine（正弦）、Triangle（三角形）、Square（方形）等三种波浪类型。
波 纹	可以在图像中创建起伏图案,模拟水池表面的波纹。
极坐标	可以将图像从直角坐标转换成极坐标,反之亦然。
挤 压	可以挤压选区。
切 变	可以沿曲线扭曲图像。
球面化	可以使图像产生扭曲并伸展它,以产生包在球体上的效果。
水 波	可以径向扭曲图像,产生径向扩散的圈状波纹。
旋转扭曲	可以使图像中心产生旋转效果。
置 换	可以根据选定的置换图来确定如何扭曲选区。

下面对常用的扭曲滤镜进行详细介绍和参数说明。

1.波浪

该滤镜可根据设定的波长等参数产生波动的效果。控制参数包括:波动源的个数、波长、波纹幅度及波纹类型,用户可以选择多种随机的波浪类型,使图像产生歪曲摇晃的效果。打开"波浪"对话框,如图6-36所示。

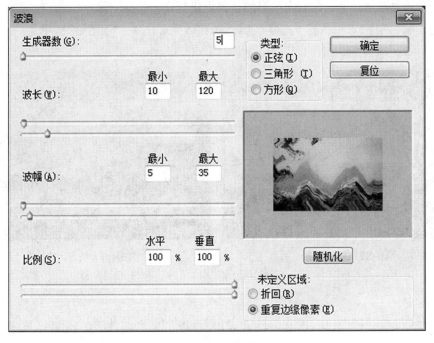

图6-36 波浪

该滤镜的相关参数为：

- 生成器数：该参数控制产生波的震源总数，取值范围是 1～999，数值越大，图像里面出现的重影越多。
- 波长：是指调节波峰或波谷之间的距离，取值范围是 1～999，数值由小到大的变化对应控制波纹从很弯曲的曲线变成直线。
  - 最小：在最小里输入数值，也可以控制滑杆拖动到终点位置。
  - 最大：在最大里输出数值，也可以控制滑杆拖动到终点位置。
- 波幅：是指调节产生波的幅度，取值范围是 1～999，主要反映波幅的大小。
  - 最小：在最小里输入数值，也可以控制滑杆拖动到终点位置。
  - 最大：在最大里输入数值，也可以控制滑杆拖动到终点位置。
- 比例：确定水平和竖直方向的缩放比例。
  - 水平：以水平为变形程度。
  - 垂直：以垂直为变形程度。
- 类型：是指决定波的形状，有三种类型可以选择。
  - 正弦：以正弦类型形成。
  - 三角形：以三角形类型形成。
  - 方形：以方形类型形成。
- 随机化：单击随机化，那么进行处理的图像就会随机地变形。
- 未定义区域：
  - 折回：把图像分为多部分进行显示。
  - 重复边缘像素：在原先图形的基础上进行往上复制。

打开一幅图片，对它执行"波浪"滤镜，对比效果如图 6-37 和 6-38 所示。

图6-37 原始图片

图6-38 执行"波浪"

2. 波纹

该滤镜模拟一种微风吹拂水面的方式，使图像产生水波荡漾的涟漪效果。打开"波纹"对话框，如图 6-39 所示。

图6-39 波纹

该滤镜的相关参数为：

■ 数量：调整两翼的高度和方向，取值范围是-999～+999。

■ 大小：调节涟漪的大小。包括三种：小波纹、中波纹、大波纹。

打开一幅图片，对它执行"波纹"滤镜，对比效果如图6-40和6-41所示。

图6-40 原始图片

图6-41 执行"波纹"

3. 极坐标

该滤镜重新绘制图像中的像素，产生图像坐标向极坐标转化或从极坐标向直角坐标转化的效果，它能将直的物体拉弯、圆形物体拉直。打开"极坐标"对话框，如图6-42所示。

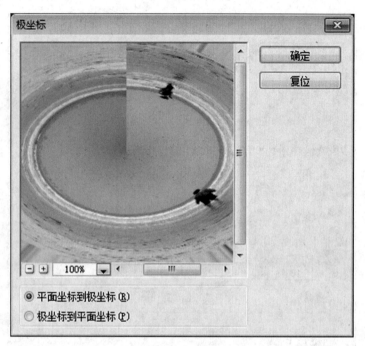

图6-42　极坐标

该滤镜的相关参数为:

■ 平面坐标到极坐标:它是以图像的中间为中心点进行极坐标旋转。

■ 极坐标到平面坐标:它是以图像的底部为中心,然后进行旋转。

打开一幅图片,对它执行"极坐标"滤镜,对比效果如图6-43和6-44所示。

图6-43　原始图片

图6-44　执行"极坐标"

4. 挤压

该滤镜能产生一种图像或选区被挤压或膨胀的效果,能缩小或放大图像中的选择区域,实际上是压缩图像或选取中间部位的像素,使图像呈现向内凹或向外凸的效果。打开"挤压"对话框,如图6-45所示。

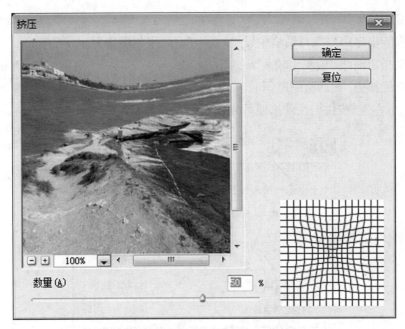

图6-45 挤压

该滤镜的相关参数为：

■ **数量**：调节向内或向外挤压的程度。可以输入数值，也可以拖动滑杆来进行挤压程度的调整。挤压以中心0为标准，如果把滑杆向右拖动那么就会形成挤压的效果，如果把滑杆向左拖动，就会形成凸出的效果。

打开一幅图片，对它执行"挤压"滤镜，对比效果如图6-46和6-47所示。

图6-46 原始图片

图6-47 执行"挤压"

5. 切变

该滤镜能根据用户在对话框中设置的垂直曲线来使图像发生扭曲变形,通过拖移框中的线条来指定曲线,形成比较复杂的扭曲效果。打开"切变"对话框,如图6-48所示。在弹出的对话框中,在调整缩略图时,可以进行加点、减点调整:双击缩略图上的线可加点;单击鼠标左键,按住点往外拖拽可减点。

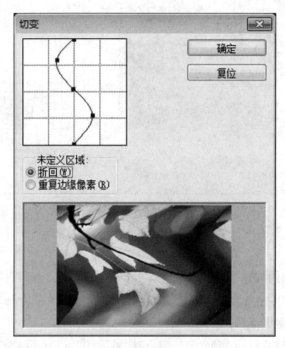

图6-48 切变

该滤镜的相关参数为:

■ 未定义区域:是指图像的边缘区域,有两个选项。

● 折回:表示图像右边界处不完整的图形可在图像的左边界继续延伸。

● 重复边缘像素:表示图像边界处不完整的图形可用重复局部像素方法来修补。

打开一幅图片,对它执行"切变"滤镜,对比效果如图6-49和6-50所示。

图6-49 原始图片

图6-50 执行"切变"

6. 球面化

该滤镜能使图像区域膨胀,实现球形化,形成类似将图像贴在球体或圆柱体表面的效果。在正常的模式下可以产生类似极坐标滤镜的效果,并且还可以在水平方向或竖直方向球化。打开"球面化"对话框,如图6-51所示。

图6-51 球面化

该滤镜的相关参数为:

■ 数量:调整缩放球化数值,取值范围是-100%～+100%,可以输入数值,也可以拖动滑杆来进行球面化的调整。球面化以中心0为标准,负值表示凹球面,形成挤压的效果;正值表示凸球面,形成球面化凸出的效果。

■ 模式:有三种模式可供选择:正常、水平优先、垂直优先。

打开一幅图片,对它执行"球面化"滤镜,对比效果如图6-52和6-53所示。

图6-52 原始图片

图6-53 执行"球面化"

7. 水波

该滤镜所产生的效果就像把石子扔进水中所产生的同心圆波纹或旋转变形的效果，尤其适于制作同心圆类的波纹。打开"水波"对话框，如图6-54所示。

图6-54　水波

该滤镜的相关参数为：

■ 数量：调整当前图像水波纹的数量，取值范围是-100～+100，负值的效果是凹陷，正值的效果是凸起。

■ 起伏：调整当前图像水波纹的起伏程度，取值范围值是0～20。

■ 样式：有三种波纹的类型可以选择。

● 围绕中心：围绕中心进行水波纹效果。

● 从中心向外：从中心向外进行水波纹效果。

● 水池波纹：仿制水池波纹的效果。

打开一幅图片，对它执行"水波"滤镜，对比效果如图6-55和6-56所示。

8. 旋转扭曲

该滤镜可使图像产生类似于风轮旋转的效果，甚至可以产生将图像置于一个大旋涡中心的螺旋扭曲效果。打开"旋转扭曲"对话框，如图6-57所示。

图6-55 原始图片

图6-56 执行"水波"

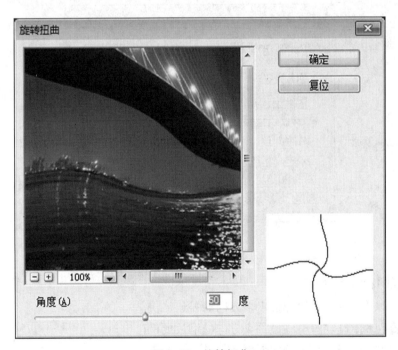

图6-57 旋转扭曲

该滤镜的相关参数为:

■ 角度:可以调整风轮旋转的角度,取值范围是-999 ~ +999度。

打开一幅图片,对它执行"旋转扭曲"滤镜,对比效果如图6-58和6-59所示。

图6-58　原始图片　　　　　　　　　图6-59　执行"旋转扭曲"

9. 置换

该滤镜会以另外一幅图为模板，将待处理图像的像素颜色作适当的变换，使像素产生位移，位移效果不仅取决于设定的参数，而且取决于位移图（即置换图）的选取。它会读取位移图中像素的色度数值来决定位移量，并处理当前图像中的各个像素。置换图必须是一幅PSD格式的图像。打开"置换"对话框，如图6-60所示。

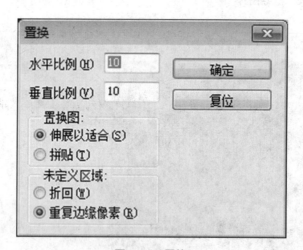

图6-60　置换

该滤镜的相关参数为：

- 水平比例：设定置换滤镜水平方向的缩放比例。
- 垂直比例：设定置换滤镜垂直方向的缩放比例。
- 置换图：设置置换图的属性方式。
  - 伸展以适合：把当前图像伸展到适合的位置。
  - 拼贴：将以拼贴的方式来填补空白区域。
- 未定义区域：主要是指图像的边缘区域。
  - 折回：表示图像的右边界处不完整的图像可以在图像的左边的界外继续延伸。

- 重复边缘像素：表示图像边界不完整的地方可用重复局部像素的方法来弥补。

对图6-8执行"置换"滤镜，置换图如图6-61所示，置换后效果如图6-62所示。

图6-61 置换图   图6-62 执行"置换"的效果

6.2.4 锐化滤镜

"锐化"滤镜的主要功能是增加图形的对比度，使图像具有明显的轮廓，并变得更加清晰。此滤镜通常用于增强扫描图像的轮廓，如表6-4所示。

表6-4 锐化滤镜

滤 镜	产 生 效 果
USM锐化	可以调整边缘细节的对比度，并在边缘的每侧制作一条更亮或更暗的线，以强调边缘，产生更清晰的图像幻觉。
进一步锐化	通过增强图像相邻像素的对比度来达到清晰图像的目的。比锐化滤镜有更强的锐化效果。
锐 化	可以通过增加相邻像素的对比度而使模糊的图像清晰。
锐化边缘	可以查找图像中有明显颜色转换区域并进行锐化。它只对图像中具有明显反差的边缘进行锐化处理，如果反差较小，则不会锐化处理。
智能锐化	"智能锐化"滤镜与"USM锐化"滤镜较相似，但它提供了独特的锐化控制选项，可以设置锐化算法、控制阴影和高光区域的锐化量。

下面对常用的USM锐化进行详细介绍和参数说明。

USM锐化是通过锐化图像的轮廓，使图像的不同颜色之间生成明显的分界线，从而达到图像清晰化的目的。与其他锐化滤镜不同的是，它允许用户设定锐化的程度。打开

图6-63　USM锐化

"USM锐化"对话框,如图6-63所示。

　　该滤镜的相关参数为:
- 数量:数值越大,图像里像素的颜色变得越亮。
- 半径:数值越大,图像深色部位的像素会越深。
- 阈值:数值越大,图像的像素会变得越浅。

打开一幅图片,对它执行"USM锐化"滤镜,对比效果如图6-64和6-65所示。

图6-64　原始图片

图6-65　执行"USM锐化"

6.2.5 视频滤镜

该滤镜处理视频图像,将视频图像转换成为图像输出到录像带上,如表6-5所示。

表6-5 视 频 滤 镜

滤 镜	产 生 效 果
NTSC颜色	可以限制图像色域为电视重现可接受的颜色,以防止过饱和颜色渗过电视扫描行。
逐 行	通过视频图像中基数或偶数交错行,以平滑地在视频上捕捉图像。

6.2.6 像素化滤镜

该滤镜是指单元格中颜色的值相近的像素结成块来清晰地定义一个选区。它可以将图像先分解成许多小块,然后进行重组,因此处理后的图像外观像是由许多碎片拼凑而成的,如表6-6所示。

表6-6 像 素 化 滤 镜

滤 镜	产 生 效 果
彩块化	可以通过分组将纯色或相似颜色的像素结块为彩色像素块,将图像的光滑边缘处理出许多锯齿。使用该滤镜可以使图像看起来像是手绘的。
彩色半调	可以在图像的每个通道上模拟使用扩大的半调网屏的效果。将图像分格,然后向方格中填入像素,以圆点代替方块,处理后的图像看上去就像是铜版画。
点状化	可以将图像中的颜色分散为随机分布的网点,间隙用背景色填充,产生点画派作品的效果。弹出的对话框只包括一个控制参数:单元格大小,它决定圆点的大小,取值范围是3～300。
晶格化	将相近的有色像素集中到一个像素的多角形网络中。弹出的对话框只包括一个控制参数:单元格,单元格大小的取值范围是3～300,主要是控制多边形网格的大小。
马赛克	将图像分解成许多规则排列的小方块,将像素结块为方块,每个方块内的像素颜色相同。弹出的对话框只包含一个控制参数,就是单元格的大小,取值范围是2～64。
碎 片	可以自动拷贝图像,将图像中的像素创建四份备份,进行平均,再使它们互相偏移,产生的效果就像图像中的像素在震动。
铜版雕刻	该滤镜用点、线条重新生成图像,产生金属版画的效果。它可以将灰度图像转换为黑白区域的随机图案,将彩色图像转换为全饱和颜色随机图案。

下面对常用的像素化滤镜进行介绍和效果对比。

1. 彩块化

打开一幅图片,对它执行"彩块化"滤镜,对比效果如图6-66和6-67所示。

2. 彩色半调

打开"彩色半调"对话框,如图6-68所示。

图6-66　原始图片

图6-67　执行"彩块化"

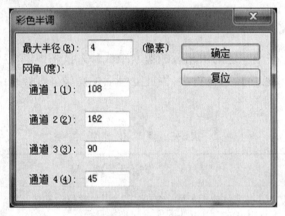

图6-68　彩色半调

该滤镜的相关参数为：

■ 最大半径：数值在4～127之间。

■ 网角：也就是屏蔽度数，可设置四个通道的网线角度。不同的图像模式，四个通道
　　不是都有用的。

打开一幅图片，对它执行"彩色半调"滤镜，对比效果如图6-69和6-70所示。

图6-69　原始图片

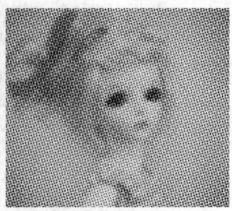

图6-70　执行"彩色半调"

3. 点状化

打开一幅图片,对它执行"点状化"滤镜,对比效果如图6-71和6-72所示。

图6-71 原始图片　　　　　　　　图6-72 执行"点状化"

4. 晶格化

打开一幅图片,对它执行"晶格化"滤镜,对比效果如图6-73和6-74所示。

图6-73 原始图片　　　　　　　　图6-74 执行"晶格化"

5. 马赛克

打开一幅图片,对它执行"马赛克"滤镜,对比效果如图6-75和6-76所示。

图6-75 原始图片　　　　　　　　图6-76 执行"马赛克"

6. 碎片

打开一幅图片,对它执行"碎片"滤镜,对比效果如图6-77和6-78所示。

图6-77　原始图片　　　　　　　　　　图6-78　执行"碎片"

7. 铜版雕刻

打开一幅图片,对它执行"铜版雕刻"滤镜,对比效果如图6-79和6-80所示。

图6-79　原始图片　　　　　　　　　　图6-80　执行"铜版雕刻"

6.2.7　渲染滤镜

"渲染"滤镜的主要功能用于图形着色及明亮化作用,在图像中产生一种照明效果,或不同光源的效果,有些滤镜则用于造景。该滤镜可以对图像产生云彩、分层云彩、纤维、镜头光晕和光照等效果,如表6-7所示。

表6-7　渲 染 滤 镜

滤　镜	产 生 效 果
分层云彩	将图像与云块背景混合起来产生图像反白的效果,与云彩效果滤镜大致相同。但多次应用该滤镜可以创建与大理石花纹相似的横纹和脉状图案。
光照效果	包含17种不同光照风格、3种光照类型和4组光照属性。可以应用该滤镜在图像上制作各种各样的光照效果。使用该滤镜可制作立体效果的凹凸图。

（续表）

滤 镜	产 生 效 果
镜头光晕	模拟光线照射在相机镜头上的效果,产生折射纹理,如同摄像机镜头的炫光效果。
纤 维	可以制作纤维效果。
云 彩	利用选区在前景色和背景色之间的随机像素值,在图像上产生柔和的云彩状效果,产生烟雾飘渺的景象。

下面对常用的渲染滤镜进行介绍和效果对比。

1. 分层云彩

打开一幅图片,对它执行"分层云彩"滤镜,对比效果如图6-81和6-82所示。

图6-81 原始图片　　　　　　　　图6-82 执行"分层云彩"

2. 光照效果

打开"光照效果"对话框,如图6-83所示。

该滤镜的相关参数为:

■ 样式:一共有17种光源,光源值代表中等强度的聚光源。

■ 光照类型:一共有3种灯光类型。

　● 点光:投射长椭圆形光,用户可以在预览窗口改变照明区域。

　● 全光源:是一种反光。

　● 平行光:投射直线方向的光线,只能改变光线方向和光源位置。

■ 属性:有4个特征参数可以调整。

　● 光泽:决定图像的反光效果。

　● 材料:决定照射物体是否产生更多反射。

　● 曝光度:决定光线的明暗。

　● 环境:可产生一种混合的效果。

■ 纹理通道:有4种选择(无、红、绿、蓝)。

打开一幅图片,对它执行"光照效果"滤镜,对比效果如图6-84和6-85所示。

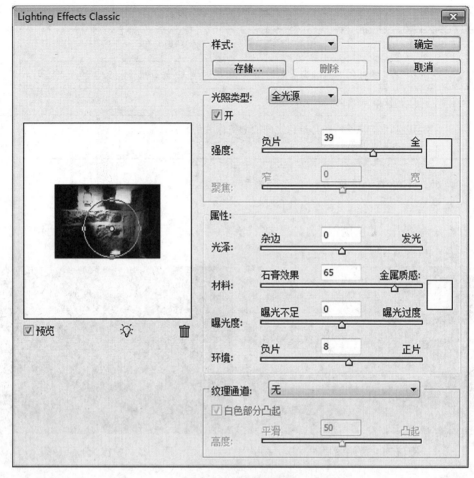

图 6-83　光照效果

图 6-84　原始图片

图 6-85　执行"光照效果"

3. 镜头光晕

打开"镜头光晕"对话框，如图 6-86 所示。

该滤镜的相关参数为：

- 亮度：调节产生亮斑的大小，取值范围是 10%～300%。

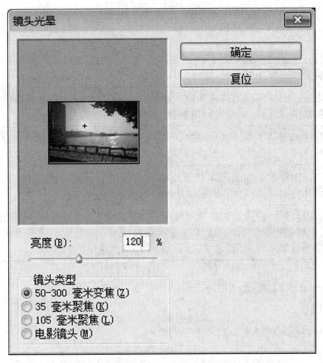

图6-86　镜头光晕

- 光晕中心：拖动十字光标可改变炫光位置。
- 镜头类型：它决定炫光点的大小，有多种类型可供选择。

打开一幅图片，对它执行"镜头光晕"滤镜，对比效果如图6-87和6-88所示。

图6-87　原始图片　　　　　　　　图6-88　执行"镜头光晕"

6.2.8　杂色滤镜

"杂色"滤镜可以增加或去除图像中的杂点，可以将杂色与周围像素混合起来，使之不太明显；也可以用来在图像中添加粒状纹理，如表6-8所示。

表6-8 "杂 色"滤 镜

滤 镜	产 生 效 果
减少杂色	可以去掉图像中的杂色、脏点,可以去掉图像中有缺陷的区域。
蒙尘与划痕	可以通过改变不同的像素来减少杂色,弥补图像中的缺陷。其原理是搜索图像或选区中的缺陷,然后对局部进行模糊,将其融合到周围的像素中去。
去 斑	能除去与整体图像不太协调的斑点,可以模糊图像中除边缘外的区域,这种模糊可以去掉图像中的杂色同时保留细节。
添加杂色	可以在图像上添加随机像素点,像素混合时产生一种漫射的效果,增加图像的图案感,模仿高速胶片上捕捉画面的效果。
中间值	通过混合选区内像素的亮度来减少图像中的杂色,可以去掉与周围像素反差极大的像素,以所捕捉的像素的平均亮度来代替选区中心的亮度。该滤镜对于消除或减少图像的动感效果非常有用,也可以用于去除扫描图像中的划痕。

下面对常用的杂色滤镜进行介绍和效果对比。

1. 蒙尘与划痕

打开"蒙尘与划痕"对话框,如图6-89所示。

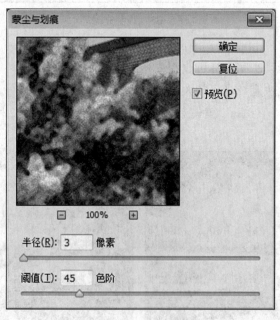

图6-89 蒙尘与划痕

该滤镜的相关参数为:

- 半径:调节清除缺陷的范围,取值范围是1～100,数值越大,模糊范围越大。
- 阈值:确定参与计算的像素数,取值范围是0～255,数值为0时,区域内的所有像素将参与计算,数值越大,参与的计算像素越少。

打开一幅图片,对它执行"蒙尘与划痕"滤镜,对比效果如图6-90和6-91所示。

图6-90 原始图片

图6-91 执行"蒙尘与划痕"

2. 添加杂色

打开"添加杂色"对话框，如图6-92所示。

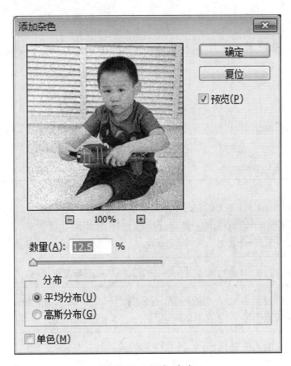

图6-92 添加杂色

该滤镜的相关参数为:

- 数量:调节加入的干扰量,取值范围是1～999,数值范围越大,效果越明显。
- 分布:有两种分布方式可供选择,一种是平均分布,另一种是高斯分布。
- 单色:指是否设置为单色干扰像素。

打开一幅图片,对它执行"添加杂色"滤镜,对比效果如图6-93和6-94所示。

图6-93 原始图片   图6-94 执行"添加杂色"

6.2.9 其他

Photoshop中还有一些其他滤镜,如表6-9所示。

表6-9 其他滤镜

滤 镜	产 生 效 果
高反差保留	可以在图像中颜色明显的过渡处,保留指定半径内的边缘细节,并隐藏图像的其他部分。该滤镜可以去掉图像中低频率的细节。
位 移	该滤镜可以将图像垂直或水平移动一定数量,在选取的原位置保留空白。
自定义	可以让用户设置自己的滤镜效果。该滤镜是Photoshop功能最强大的滤镜之一,使用该滤镜可以创造很多特殊效果。
最大值	扩大选区或通道的高调范围,具有收缩的效果,可以向外扩展白色区域,收缩黑色区域。
最小值	缩小选区或通道的高调范围,具有扩展的效果,即向外扩展黑色区域,并收缩白色区域。

下面对常用的其他滤镜进行效果对比。

1. 高反差保留

打开一幅图片,对它执行"高反差保留"滤镜,对比效果如图6-95和6-96所示。

图6-95 原始图片　　　　　　　　　　　　图6-96 执行"高反差保留"

2. 自定义

打开一幅图片,对它执行"自定义"滤镜,对比效果如图6-97和6-98所示。

图6-97 原始图片　　　　　　　　　　　　图6-98 执行"自定义"

3. 最大值

打开一幅图片,对它执行"最大值"滤镜,对比效果如图6-99和6-100所示。

图6-99 原始图片　　　　　　　　　　　　图6-100 执行"最大值"

6.3 特殊滤镜的使用方法

6.3.1 滤镜库

滤镜库可提供许多特殊效果滤镜的预览,可以应用多个滤镜、打开或关闭滤镜的效果、复位滤镜的选项及更改应用滤镜的顺序。如果用户对预览效果满意,则可以将它应用于图像。滤镜库并不提供"滤镜"菜单中的所有滤镜,如图6-101所示。

图6-101　滤镜库

6.3.2 自适应广角滤镜

使用"自适应广角"滤镜,可以校正因增大广角或者使用鱼眼镜头拍摄而引起的图像变形失真问题,只须执行"滤镜丨自适应广角"命令,即可进行相应操作。

6.3.3 镜头校正滤镜

使用"镜头校正"滤镜,可以校正因使用数码相机拍摄而引起的图像变形失真问题,如枕形失真、晕影或色彩失常等。执行"滤镜丨镜头校正"命令,即可弹出"镜头校正"对话框,如图6-102所示。

图6-102 镜头校正

6.3.4 液化滤镜

"液化"滤镜可通过交互方式拼凑、推、拉、旋转、反射、折叠和膨胀图像的任意区域。液化命令只适用于RGB颜色模式、CMYK颜色模式、Lab颜色模式和灰度图像模式的8位图像。执行"滤镜 | 液化"命令,即可弹出"液化"对话框,液化对话框提供了用于扭曲图像的"工具"区域、"预览"区域和"选项"区域,如图6-103所示。

6.3.5 油画滤镜

通过设置"油画"滤镜中的各项参数,可以使图像产生手绘油画的效果。只须执行"滤镜 | 油画"命令,即可进行相应操作。

6.3.6 消失点滤镜

使用"消失点"滤镜,可以在图像中指定平面,然后应用诸如绘画、仿制、拷贝或粘贴,以及变换等编辑操作。操作对象会根据选定区域内的透视关系按照一定的角度和比例自动进行调整,可减少精确设计和修饰照片所需的时间。执行"滤镜 | 消失点"命令,即可弹出"消失点"对话框,单击"创建平面工具"按钮,在图像上创建平面,如图6-104所示。

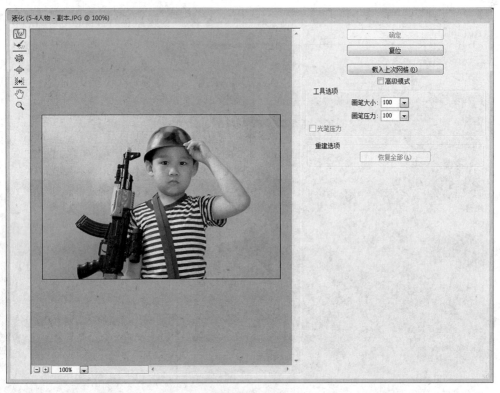

图6-103　液化

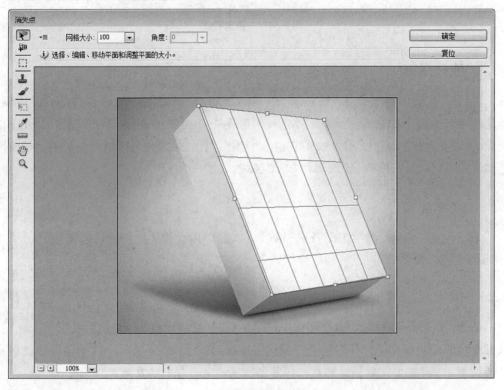

图6-104　消失点

单击"编辑平面工具"按钮，对创建好的网络进行编辑，将复制好的图像粘贴到编辑区，并拖动图像，将其移动到适当的位置，如图6-105所示。

图6-105　编辑"消失点"

复制的图像如图6-106所示，对图像执行"消失点"滤镜的效果如图6-107所示。

图6-106　复制图像

图6-107　应用"消失点"

本节介绍了Photoshop中各种滤镜的基本概念,并简单介绍了各滤镜的使用步骤和属性、对比效果,以更加明确滤镜的效果。Photoshop中的滤镜使用起来比较方便,但是使用滤镜效果会占用大量内存,特别是处理高分辨率的图像。因此,需要恰当地掌握一些使用技巧,从而更加准确而有效地使用滤镜功能。

6.4 文字工具

本节主要介绍Photoshop中文字的应用技巧。通过本节的学习,可以快速地掌握文字的输入方法、变形文字的设置及路径文字的制作。

6.4.1 创建与编辑文字

Photoshop中,文字的输入需要通过文字工具组来完成。在工具箱中右键单击"横排文字工具"按钮 T,可打开文字工具组,如图6-108所示。

打开一幅背景图片,在工具箱中单击"横排文字工具"按钮 T,设置字体的样式,如字体、字号和颜色等,如图6-109所示。

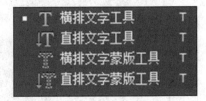

图6-108　文字工具组

图6-109　设置文字属性

在背景图片上输入文字,即可得到显示效果,如图6-110所示。

输入文字时,Photoshop会产生文字图层。将文字图层转换成普通图层则需要栅格化文字图层,在转换后的图层中可以应用各种滤镜效果,执行"图层丨栅格化丨文字"命令,即可实现栅格化文字,栅格化文字前后的图层对比效果如图6-111和图6-112所示。

6.4.2 创建变形文字

对创建的文字进行变形处理后,可以得到特殊的文字效果,例如,可以将文字变形成扇形、拱形或者波浪形。输入并选中需要变形的文字后,单击属性栏中的"创建变形文字"按钮,将打开"变形文字"对话框,如图6-113所示,变形效果如图6-114所示。

6.4.3 创建路径文字

路径文字是指将文字沿路径排列,从而创建出样式丰富的文字效果。当改变路径形

图6-110　设置文字效果

图6-111　栅格化文字前

图6-112　栅格化文字后

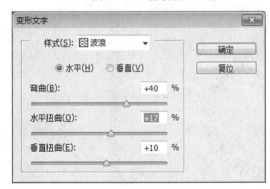

图6-113　"变形文字"对话框

图6-114　变形效果

状时，文字的排列方式也会随之改变。创建路径文字的方法是：首先，使用路径工具绘制一条路径，然后选择文字工具，将鼠标放在该路径上，当光标呈波浪虚线显示时，单击鼠标，出现插入光标后输入文字即可。

1. 案例一：制作圆形路径上的文字

（1）先用"椭圆选框工具"画一个圆，然后打开"路径"面板，选取下边的第四个图标"从选区生成工作路径"，这时在图片上就会出现一个圆形的路径。

（2）然后选取文字工具，把文字工具的图标放在圆形的路径上，文字工具的标志上会出现一条小斜线，点击鼠标输入文字，如图6-115所示。

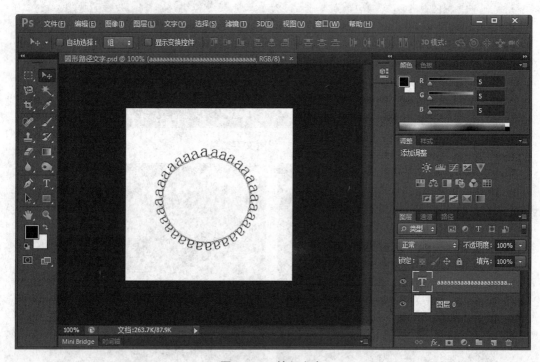

图6-115　输入文字

（3）最后保存文件，并另存为yuan.jpg，显示效果如图6-116所示。

图6-116　圆形文字效果

2. 案例二：制作桃心形路径上的文字

（1）先用"钢笔工具"和"转换点工具"画一个桃心形的路径，如图6-117所示。

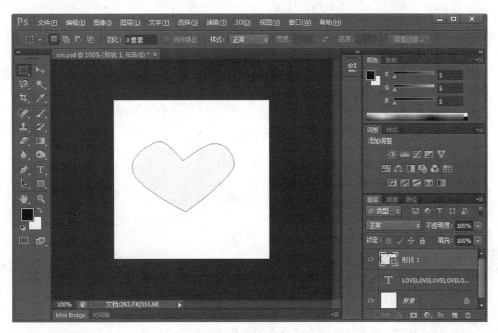

图6-117　桃心形路径

（2）然后选取文字工具，设置文字的属性，把文字工具的图标放在圆形的路径上，文字工具的标志上会出现一条小斜线，点击鼠标输入文字，如图6-118所示。

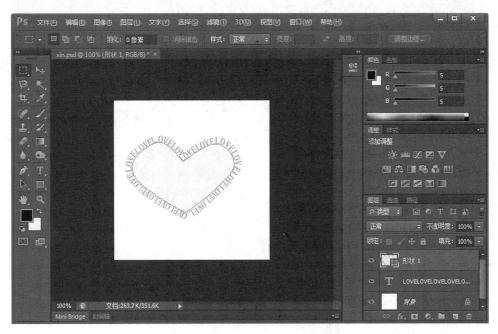

图6-118　输入桃心形路径的文字

（3）最后保存文件，并另存为xin.jpg，显示效果如图6-119所示。

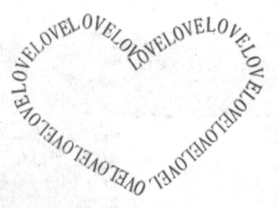

图6-119　桃心形文字效果

6.5 应用案例

本节将主要结合应用文字工具和滤镜工具，讲解应用实例。通过应用实例，能更好地掌握Photoshop的文字操作方法和滤镜使用技巧。

6.5.1 应用案例一

案例一：制作水晶字效果。

（1）新建文件，设置为400×300像素，背景白色，如图6-120所示，保存为sjz.psd。

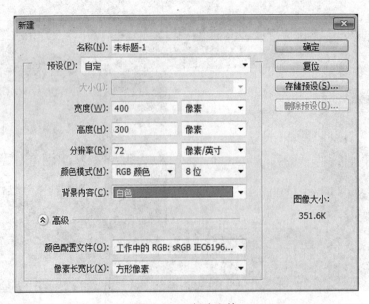

图6-120　新建文件

（2）选取文字工具，设置字体为"黑体"，字号为72点，输入文字"天财"，如图6-121所示。

图6-121 输入文字

（3）将文字图层与背景层合并，选择两个图层，单击右键，弹出快捷菜单，选择"合并图层"，如图6-122所示。

图6-122 合并图层

（4）执行"滤镜 | 模糊 | 动感模糊"命令，参数设置为角度40度，距离20像素，如图6-123所示。

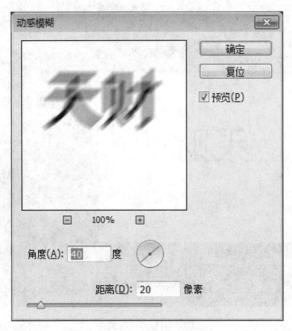

图6-123　动感模糊

（5）执行"滤镜 | 风格化 | 查找边缘"，显示效果如图6-124所示。

图6-124　查找边缘

（6）执行"图像丨调整丨反相"，如图6-125所示。

图6-125　设置反相

（7）执行渐变，选择一种渐变颜色，如图6-126所示。设置模式"颜色"，从左下位置至右上位置，拉出一条渐变直线，如图6-127所示。

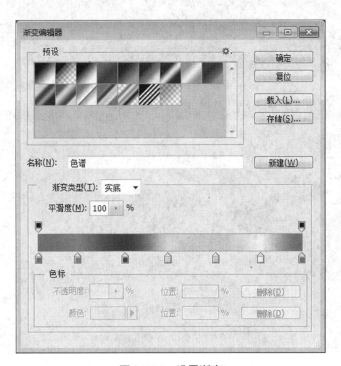

图6-126　设置渐变

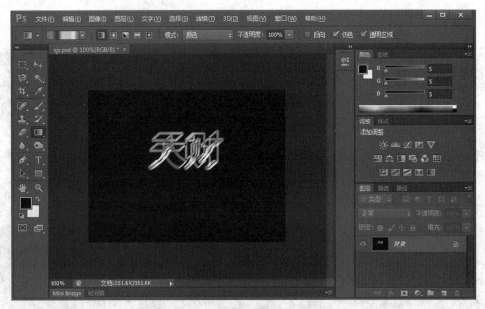

图6-127　应用渐变

（8）最后保存文件，并另存为sjz.jpg，显示效果如图6-128所示。

图6-128　水晶字效果

6.5.2 应用案例二

案例二：制作发光字效果。

（1）新建文件，设置为400×300像素，背景白色，如图6-129所示。

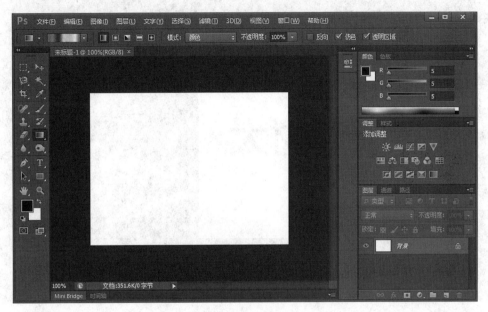

图6-129 创建文件

（2）选择文字工具，设置属性，字体为"微软雅黑"，字号为72点，样式为"浑厚"，输入"天津财大"，如图6-130所示。

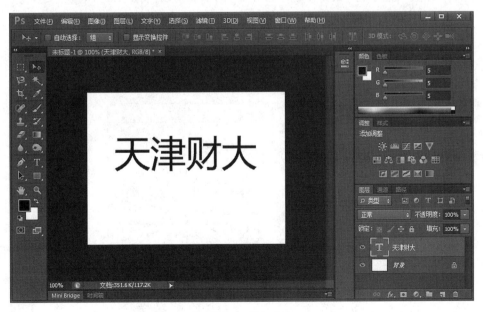

图6-130 输入文字

（3）复制"天津财大"图层,在副本图层上单击右键,在弹出的快捷菜单中选择"栅格化文字",将其进行栅格化,转换成普通图层,如图6-131所示。

图6-131　栅格化文字

（4）对副本图层进行滤镜处理,执行"滤镜 | 模糊 | 径向模糊",设置数量为100,模糊方法为"缩放",品质为"最好",如图6-132所示。显示效果如图6-133所示。

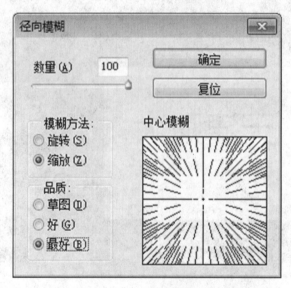

图6-132　径向模糊

图6-133　应用径向模糊

（5）对副本图层进行锐化处理，执行"滤镜│锐化│USM锐化"，使效果更加清晰，设置数量为340%，半径为2px，阈值为12色阶，设置如图6-134所示。显示效果如图6-135所示。

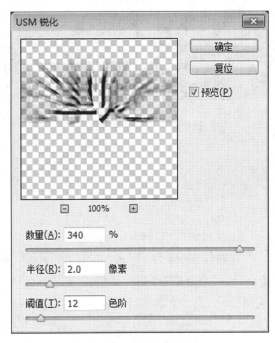

图6-134　USM锐化

图6-135 应用锐化

（6）最后保存文件，并另存为fgz.jpg，显示效果如图6-136所示。

图6-136 发光字效果

6.5.3 应用案例三

案例三：制作火焰字效果。

（1）设置为400×200像素，背景黑色，保存为hyz.psd，如图6-137所示。

（2）选择文字工具，设置属性，字体为"华文行楷"，字号为72点，样式为"浑厚"，字体颜色为白色，输入"我爱天财"，将该图层进行栅格化，如图6-138所示。

（3）执行"图像 | 图像旋转 | 90度（逆时针）"，如图6-139所示。

（4）执行"滤镜 | 风格化 | 风"命令，方法为"风"，方向为"从右"，如图6-140所示。为了加深效果，再执行一次风命令，设置同前，效果如图6-141所示。

图6-137　新建文件

图6-138　编辑文字

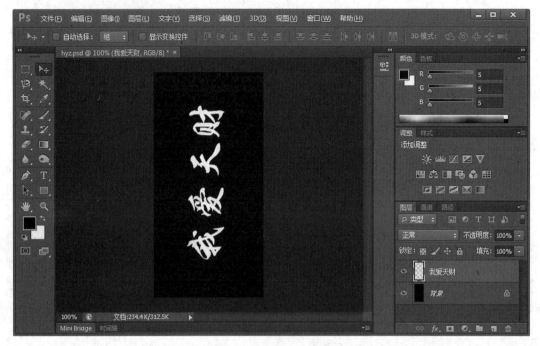

图6-139　旋转文字

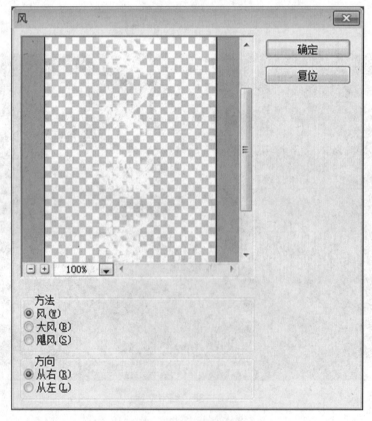

图6-140　"风"滤镜

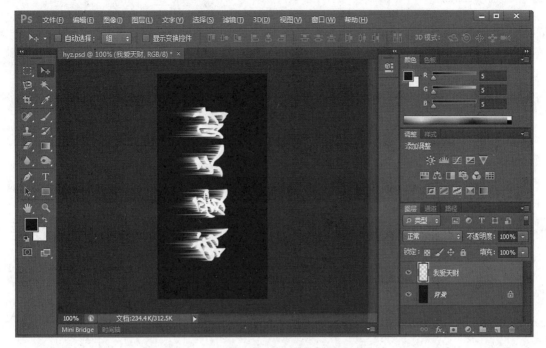

图6-141 应用"风"滤镜

（5）执行"图像｜图像旋转｜90度（顺时针）"，如图6-142所示。

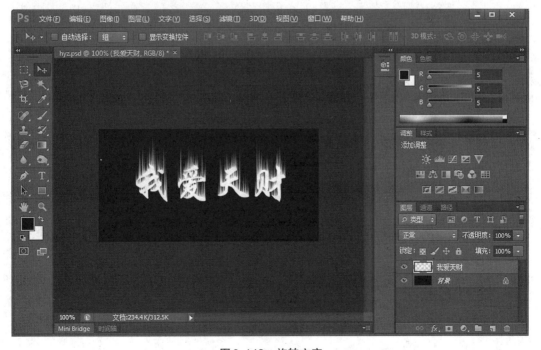

图6-142 旋转文字

（6）执行"滤镜 | 扭曲 | 波纹命令"，设置数量为100%，大小为"中"，设置如图6-143所示，显示效果如图6-144所示。

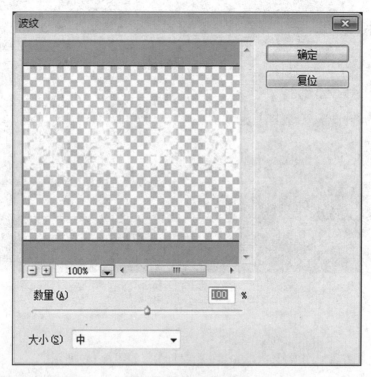

图6-143　"波纹"滤镜

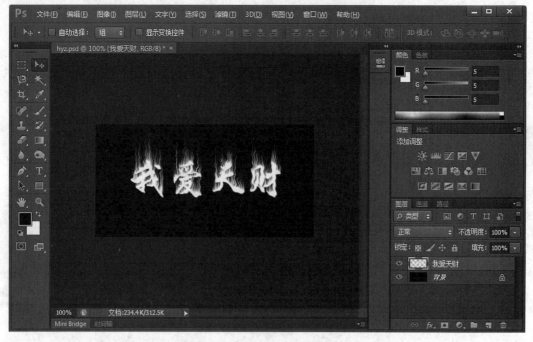

图6-144　应用"波纹"滤镜

（7）执行"图像 | 模式 | 灰度"，弹出对话框，如图6-145所示，选择"拼合"。接着弹出"信息"对话框，如图6-146所示，选择"扔掉"。最后执行"图像 | 模式 | 索引颜色"，如图6-147所示。

（8）执行"图像 | 模式 | 颜色表"，颜色表参数选择"黑体"，如图6-148所示。

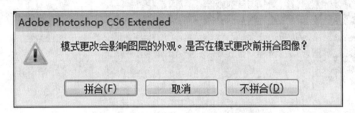

图6-145　拼合图像

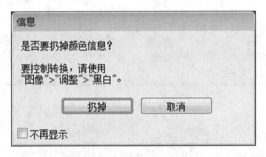

图6-146　"信息"对话框

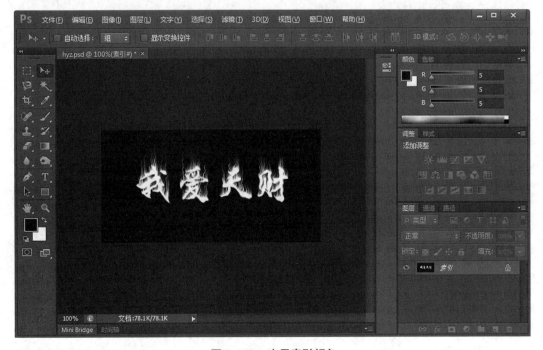

图6-147　应用索引颜色

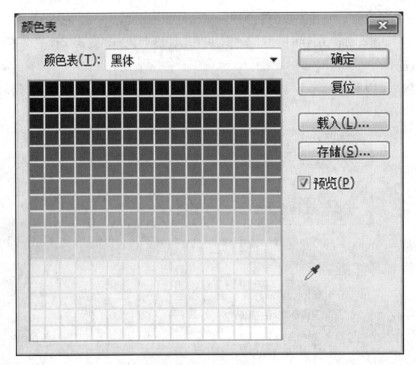

图6-148 颜色表

（9）执行"图像 | 模式 | RGB颜色"，如图6-149所示。

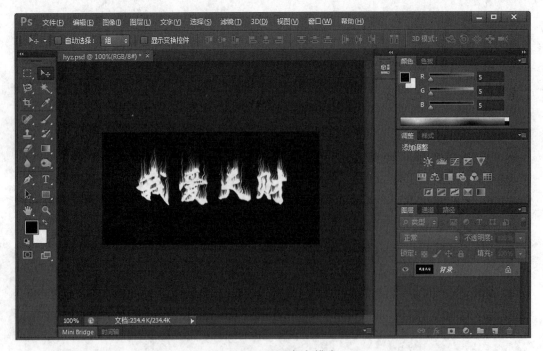

图6-149 RGB颜色模式

（10）最后保存文件，并另存为hyz.jpg，显示效果如图6-150所示。

图6-150　火焰字效果

第7章

图像调整技术与色彩调节

构图和色彩是平面设计中最重要的两个方面,对图像的色调和色彩进行细微调整,会直接影响图像的最终视觉效果。本章主要介绍调整图像的色调与色彩的方法和技巧。色调调整是指对图像明暗度的调整,包括高光、暗调和中间调等。对色调调整完成后,才可以准确地测定图像中色彩的色偏、不饱和与过饱和的颜色,进行色彩调整,调整色彩平衡、亮度/对比度、色相/饱和度等。通过本章的学习,能够更清楚地认识Photoshop中色调和色彩校正工具,从而制作出高品质的图像。根据实际需要,应用多种调整命令,可以对图像的色调或色彩进行细微的调整,还可以对图像进行特殊颜色的处理。

7.1　自动调整图像

Photoshop中有自动调色命令,它包括三种:自动色调、自动对比度和自动颜色。

7.1.1　"自动色调"命令

Photoshop CS6的"自动色调"命令可以自动调整图像中的暗部和亮部。"自动色调"命令对每个颜色通道进行调整,将每个颜色通道中最亮和最暗的像素调整为纯白和纯黑,中间像素值按比例重新分布。由于"自动色调"命令单独调整每个通道,所以可能会移去颜色或引入色偏。

打开一张色调不清晰的图片,如图7-1所示。执行"图像 | 自动色调"命令,Photoshop会自动调整图像,使色调变得清晰,如图7-2所示。

7.1.2　"自动对比度"命令

使用Photoshop CS6"自动对比度"命令可以自动调整图像中颜色的对比度。对比度是指不同颜色的差异程度,对比度越大,两种颜色之间的差异就越大。"自动对比度"命令将Photoshop CS6图像中最亮和最暗像素映射到白色和黑色,使高光显得更亮,而暗调显得更暗。由于"自动对比度"不单独调整通道,所以不会增加或消除色偏问题。

打开一张对比度不明显的图片,如图7-3所示。执行"图像 | 自动对比度"命令,Photoshop会自动调整图像的对比度,使图片更加自然,如图7-4所示。

图7-1 自动色调调整前

图7-2 自动色调调整后

图7-3 自动对比度调整前

图7-4 自动对比度调整后

7.1.3 "自动颜色"命令

"自动颜色"命令可以自动对图像中的阴影、中间调和高光像素进行调节,并修整白色和黑色的像素,从而调整图像的对比度和颜色。通过自动调整色彩,使图片达到一种协调状态。

打开一张偏色的图片,如图7-5所示。执行"图像 | 自动颜色"命令,Photoshop会自动调整图像的颜色,校正颜色,如图7-6所示。

图7-5 自动颜色调整前

图7-6 自动颜色调整后

7.2　调整图像色调

色调不是指颜色的性质，而是指一幅作品色彩外观的基本倾向和概括评价。通常可以从色相、明度、冷暖、饱和度四个方面来定义一幅作品的色调。色调在冷暖方面分为暖色调与冷色调：红色、橙色、黄色为暖色调，象征着太阳、火焰；绿色、蓝色、黑色为冷色调，象征着森林、大海、蓝天；灰色、紫色、白色则为中间色调。下面介绍调整图像色调的命令。

7.2.1　"亮度/对比度"命令

"亮度/对比度"命令可以对图像的色调进行简单的调整，专门用于调整图像的亮度和对比度，可以很方便地将光线不足的图像调整得亮一些。执行"图像｜调整｜亮度/对比度"命令，打开"亮度/对比度"对话框，进行相关参数设置，如图7-7所示。

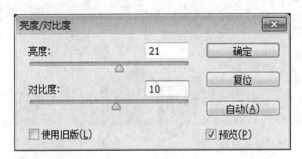

图7-7　亮度/对比度

该命令的相关参数为：亮度和对比度，这两个参数的取值都为-150～150。设置参数，Photoshop会调整图像的亮度和对比度，使色调变得清晰，对比效果如图7-8和7-9所示。

图7-8　原始图片

图7-9　执行"亮度/对比度"

7.2.2 "色阶"命令

色阶属于Photoshop的基础调整工具，色阶表示一幅图像的高光、暗调和中间调分布情况，"色阶"命令能对其进行调整。当一幅图像的明暗效果过黑或过白时，可使用"色阶"来调整图像中各个通道的明暗程度，常用于调整黑白的图像。在色阶对话框中的通道中选择"RGB"模式，然后可以调节下方的节点来调整图像整体的亮度和对比度。执行"图像 | 调整 | 色阶"命令，或使用快捷键Ctrl+L，打开"色阶"对话框，如图7-10所示。

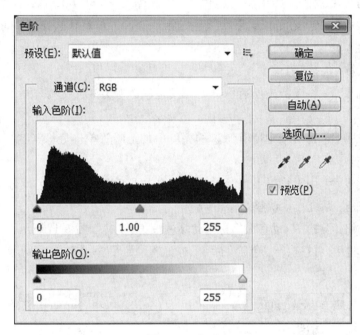

图7-10　色阶

该命令的相关参数为：

- 通道：可以选择所要编辑的颜色通道（复合通道或者某个单色通道），来调整色阶。
- 输入色阶：用于调整图像的暗色调、中间色调和亮度色调。下面有黑色、灰色和白色3个小箭头，它们的位置对应"输入色阶"中的3个数值。黑色箭头代表最低亮度，就是纯黑。黑色箭头下的第一个数值框用来设置图像的暗部色调，低于该值的像素将变为黑色，取值范围为0～253；灰色箭头是中间调，灰色箭头下的第二个数值框用来设置图像的中间色调；白色箭头就是纯白，白色箭头下的第三个数值框用来设置图像的亮部色调，高于该值的像素将变为白色，取值范围为2～255。将白色箭头往左拉动到200，观察图像变亮了，这相当于提高了合并亮度，也就是说从200至255这一段的亮度都被合并到255。因为白色箭头代表纯白，因此它所在的地方就必须提升到255，亮度值大于200的所有像素也都统一提

207

升到255,形成一种高光区域合并的效果。同样,将黑色箭头向右移动就是合并暗调区域。灰色箭头代表了中间调在黑场和白场之间的分布比例,如果往暗调区域移动,图像将变亮,因为黑场到中间调的这段距离较短,中间调到高光的距离较长,这代表中间调偏向高光区域更多一些,因此图像变亮了。灰色箭头的位置不能超过黑白两个箭头之间的范围。

- 输出色阶:用于限定图像输出的亮度范围,降低图像的对比度。向右拖动控制条上的黑色滑块,可以降低图像暗部对比度,从而使图像变亮;向左拖动白色滑块,可以降低图像对比度,从而使图像变暗。输出色阶就是控制图像中最高和最低的亮度数值。如果将输出色阶的白色箭头移至200,那么代表图像中最亮的像素就是200亮度。如果将黑色的箭头移至60,就代表图像中最暗的像素是60亮度。

- 吸管工具:包括三个。
  - 黑色吸管:将图像中所有像素的亮度值减去吸管单击处像素的亮度值,使图像变暗。
  - 白色吸管:将图像中所有像素的亮度值加上吸管单击处像素的亮度值,使图像变亮。
  - 灰色吸管:用吸管单击处像素的灰度值去重新调整图像的色调分布。

- 自动按钮:系统自动调整图像色阶。
- 选项按钮:设置"自动色阶"的自动颜色校正选项,如图7-11所示。

打开一幅图片,对它执行"色阶"命令,对比效果如图7-12和7-13所示。

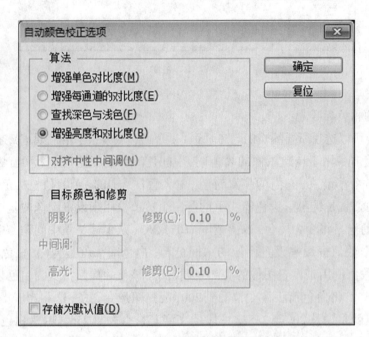

图7-11 自动颜色校正选项

图 7-12　原始图片

图 7-13　执行"色阶"

7.2.3　"曲线"命令

使用"曲线"命令,可以对图像的色彩、亮度和对比度进行综合调整,使画面色彩更加协调,也可以调整图像中的单色,常用于改变物体的质感。执行"图像 | 调整 | 曲线"命令,或使用快捷键 Ctrl+M,打开"曲线"对话框,如图 7-14 所示。

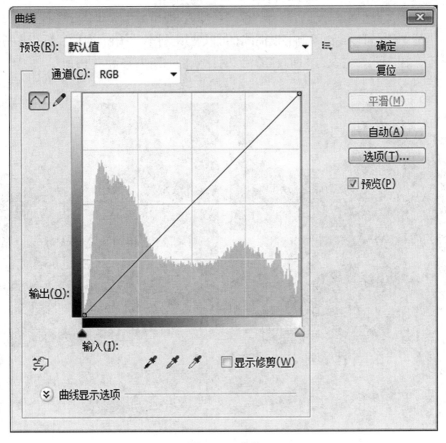

图 7-14　曲线

该命令的相关参数为：

- 通道：可以选择所要编辑的颜色通道（复合通道或者某个单色通道），来调整曲线。如果想让照片呈现蓝色，那么将蓝色通道曲线向上拖动就可以了。
  - RGB：调整照片整体亮度；
  - 红色：可以为照片整体添加红色或者青色；
  - 绿色：可以为照片整体添加绿色或者洋红色；
  - 蓝色：可以为照片整体添加蓝色或者黄色。
- 曲线工具：在该直线上可以添加最多不超过14个节点，当鼠标置于节点上并变成方向箭头状态时，就可以拖动该节点对图像进行调整。拖拽表格中的曲线改变曲线的形态，改变曲线可以改变图像的亮度分布。当鼠标变为十字形，将它向左上方移动，则照片亮度增加；向右下方移动，则照片的整体颜色变暗。单击鼠标可增加节点；要删除节点，可以选中并将节点拖动至对话框外部，或在选中节点的情况下按Delete键，或者按住Ctrl键单击节点。单击鼠标并按Shift键，可以选择多个节点。按Alt键单击曲线图，可以增加（10×10）或减少（4×4）虚线网格的数目，便于精确或粗糙地控制。
- 曲线水平轴：原来图像的亮度值，即输入色阶，取值范围是0～255。
- 曲线垂直轴：表示处理后的新图像的亮度值，即输出色阶，取值范围是0～255。
- 铅笔工具：可以自由绘制亮度曲线；可以使用"平滑"按钮，对曲线进行平滑处理。

打开一幅图片，对它执行"曲线"命令，对比效果如图7-15和7-16所示。

图7-15　原始图片

图7-16　执行"曲线"

7.2.4 "曝光度" 命令

"曝光度" 命令可以改变图像的曝光度,从而将拍摄中产生的曝光过度或曝光不足的图片处理成正常效果。执行 "图像 | 调整 | 曝光度" 命令,打开 "曝光度" 对话框,进行相关参数设置,如图7-17所示。

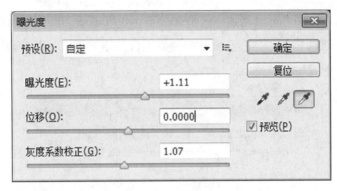

图7-17 曝光度

该命令的相关参数为:

■ 曝光度:调整高光度,对其阴影的影响轻微。

■ 位移:使阴影和中间调变暗,对高光影响轻微。

■ 吸管:调整位移,将选取的像素改变为0;设置灰场,调整曝光度,将选取的像素改变为中度灰色;设置白场,调整曝光度,将选取的像素改变为白色。

打开一幅图片,对它执行 "曲线" 命令,对比效果如图7-18和7-19所示。

图7-18 原始图片

图7-19 执行 "曝光度"

7.3 调整图像色彩

7.3.1 "自然饱和度"命令

"自然饱和度"命令主要用来调整图像的饱和度,以便在颜色接近最大饱和度时最大限度地减少修剪。该调整可以增加与已饱和颜色相比并不饱和的颜色的饱和度。该命令还可以防止肤色过度饱和。执行"图像 | 调整 | 自然饱和度"命令,打开"自然饱和度"对话框,如图7-20所示。

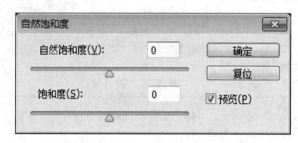

图7-20 自然饱和度

7.3.2 "色相/饱和度"命令

"色相/饱和度"命令通过对图像的色相、饱和度和亮度进行调整,从而达到改变图像色彩的目的,该命令也可以为黑白图像上色。执行"图像 | 调整 | 色相/饱和度"命令,打开"色相/饱和度"对话框,如图7-21所示。

图7-21 色相/饱和度

该命令的相关参数为：

- 色相：指颜色的外貌，取值范围为0～360。色相的特征决定于光源的光谱组成及物体表面反射的各波长，是当人眼看一种或多种波长的光时所产生的彩色感觉，它反映颜色的种类，决定颜色的基本特性。色相差别是由光波波长的长短产生的。即便是同一类颜色，也能分为几种色相，如黄颜色可以分为中黄、土黄、柠檬黄等。光谱中有红、橙、黄、绿、蓝、紫6种基本色光，人的眼睛可以分辨出约180种不同色相的颜色。改变参数的数值，既可以拉动滑杆，也可以填入数字，还可以在数字区域使用鼠标滚轮或使用上下箭头按键或按住Ctrl键左右拖动，最后还可以在"色相"这两个文字上左右拖动，它们适用于所有类似的有数值出现的地方。

- 饱和度：也称纯度，是控制图像色彩的浓淡程度，即颜色的鲜艳程度，类似我们电视机中的色彩调节一样。饱和度取决于该色中含色成分和消色成分（灰色）的比例。含色成分越大，饱和度越大；消色成分越大，饱和度越小。通常用0%～100%表示，0%表示灰色，100%完全饱和。黑、白和其他灰色色彩是没有饱和度的。改变饱和度时，下方的色谱也会跟着改变。调至最低的时候图像就变为灰度图像。对灰度图像改变色相是没有作用的。

- 明度：就是亮度，指色彩的明暗程度，通常用0%～100%表示。它是光作用于人眼所引起的明亮程度的感觉，它与被观察物体的发光强度有关，类似电视机的亮度调整一样。明度可用黑白来表示，如果将明度调至最低，则会得到黑色；如果明度调至最高，则会得到白色。对黑色和白色改变色相或饱和度都没有效果。

- 吸管工具：选择/添加/减去单色调整的颜色范围。

- "着色"选项：它的作用是将画面改为同一种颜色的效果，可以将灰色或黑白图像染上单一颜色，或将彩色图像变成单色。有许多数码婚纱摄影中常用到这样的效果，只须点击一下"着色"选项，然后拉动色相改变颜色即可，也可以同时调整饱和度和明度。

对话框的下方有两个色相色谱，便于对调整前后进行对比。其中上方的色谱是固定的，下方的色谱会随着色相滑杆的移动而改变。这两个色谱的状态其实就是在告诉我们色相改变的结果。观察两个方框内的色相色谱变化情况，在改变前红色对应红色，绿色对应绿色。在改变之后红色对应到了绿色，绿色对应到了蓝色，这是图像中相应颜色区域的改变效果。

打开一幅图片，对它执行"色相/饱和度"命令，对比效果如图7-22和7-23所示。

7.3.3 "色彩平衡"命令

"色彩平衡"是一个功能较少，但操作直观方便的色彩调整工具。"色彩平衡"命令用于调整图像整体色彩平衡，改变彩色图像中颜色的组成。它只作用于复合颜色通道，在彩色图像中改变颜色的混合。若图像有明显的偏色，可用此命令进行纠正。该命令的快捷键为

图7-22　原始图片

图7-23　执行"色相/饱和度"

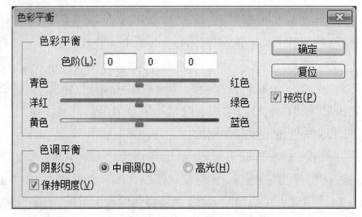

图7-24　色彩平衡

Ctrl+B。执行"图像 | 调整 | 色彩平衡"命令,打开"色彩平衡"对话框,如图7-24所示。该命令的相关参数为:

- 色阶:调节不同颜色的色阶从而调节色彩平衡,输入数字框即可调整RGB到CMYK色彩模式之间对应的色彩变化。3个文本框对应3个滑杆,取值为-100～100。从3个色彩平衡滑杆中,可以看到色彩原理中的反转色:红对青,绿对洋红,蓝对黄。属于反转色的两种颜色不可能同时增加或减少。
- 色调平衡:用于选择需要进行调整的色彩范围,有"阴影""中间调""高光"3个单选按钮。选中某一项就可对相应色调的像素进行调整,每个色调可以进行独立的色彩调整。
- 保持明度:在更改颜色时,保持色调平衡。它的作用是在三基色增加时下降亮度,在三基色减少时提高亮度,从而抵消三基色增加或减少时带来的亮度改变。

打开一幅图片,对它执行"色彩平衡"命令,对比效果如图7-25和7-26所示。

7.3.4 "黑白"命令

"黑白"命令主要用来处理黑白图像,创建各种风格的黑白效果,它比去色处理具有

图7-25 原始图片

图7-26 执行"色彩平衡"

更大的灵活性和可编辑性。它可以通过简单的色调应用,将彩色图像处理成黑白图像;还可以为灰度图像着色,使图像呈现为单色效果。黑白命令在使图片变成黑白时,可以调整图片彩色时的特定颜色,在转换时,对个别色彩产生不同的侧重,能够得到较好的效果。执行"图像 | 调整 | 黑白"命令,打开"黑白"对话框,如图7-27所示。

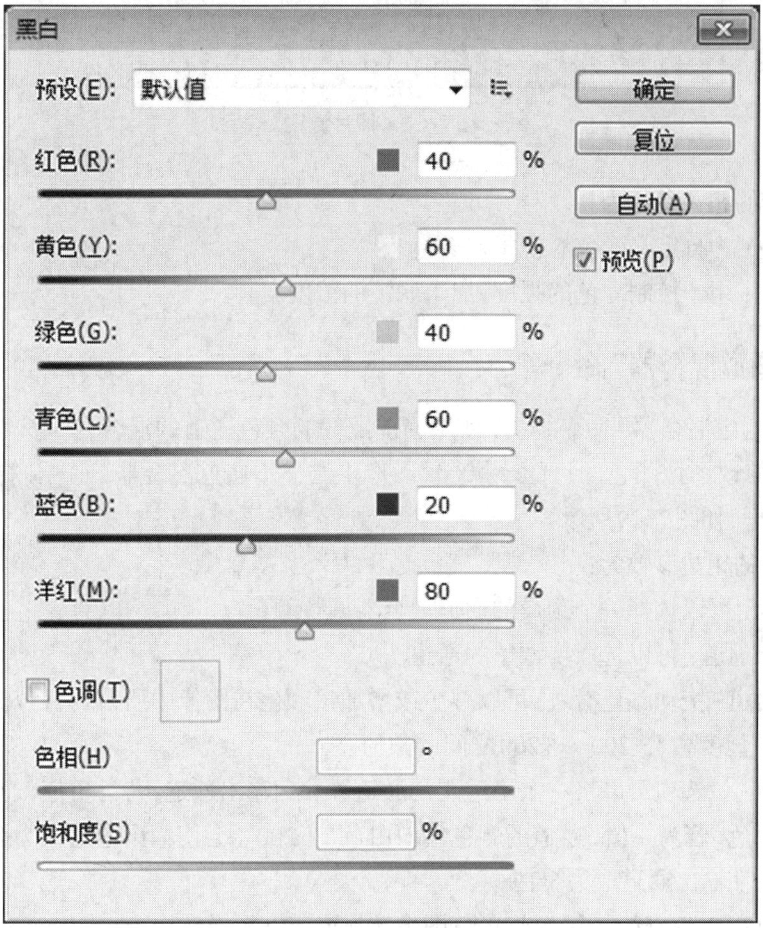

图7-27 黑白

7.3.5 "照片滤镜"命令

"照片滤镜"命令用于模拟传统光学滤镜特效,使照片呈现暖色调、冷色调及其他颜色的色调。它相当于传统摄影中使用的有色滤镜,可改变图像的色调。效果等同于色彩平衡或曲线调整的效果,但其设定更符合摄影师等专业人士的使用习惯。执行"图像 | 调整 | 照片滤镜"命令,打开"照片滤镜"对话框,如图7-28所示。

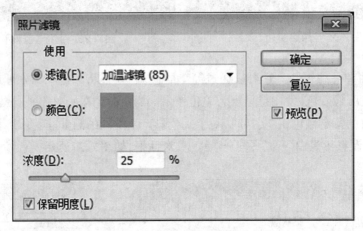

图7-28 照片滤镜

该命令的相关参数为:

■ 颜色:为自定义颜色滤镜指定颜色。

■ 浓度:用于控制着色的强度,加入滤镜的浓度。

7.3.6 "通道混合器"命令

使用"通道混合器"命令,可以使用当前图像的颜色通道的混合,来修改图像的颜色通道,达到修改图像颜色的目的。执行"图像 | 调整 | 通道混合器"命令,打开"通道混合器"对话框,如图7-29所示。

该命令的相关参数为:

■ 预设:可以选择一个预设的通道混合器调整颜色。

■ 输出通道:可以选取要调整的通道。

■ 源通道:拖动颜色滑块,可以减少或增加该颜色在图像中所占的百分比,或在文本框中直接输入−200～+200之间的数值。

■ 常数:该选项可以将一个不透明的通道添加到输出通道,若为负值,通道的颜色偏向黑色,若为正值,通道的颜色偏向白色。−200%会使输出通道成为全黑,+200%则会使输出通道成为全白。

■ 单色:勾选此选项,可以将彩色图像转换成灰度图像。

图7-29 通道混合器

7.3.7 "颜色查找"命令

"颜色查找"命令可以让颜色在不同的设备间精确地传递和再现。执行"图像 | 调整 | 颜色查找"命令,打开"颜色查找"对话框,如图7-30所示。

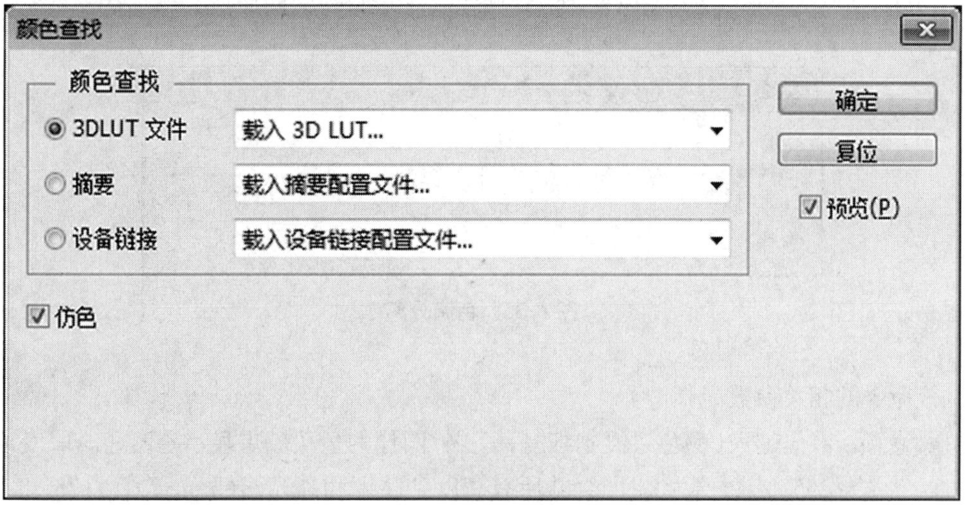

图7-30 颜色查找

7.3.8 "反相"命令

"反相"命令是将图像中的色彩转换为反转色,也就是使图像颜色的相位相反,如将黑色变为白色、红色转为青色、蓝色转为黄色等,效果类似于普通彩色胶卷冲印后的底片效果。该命令的快捷键为Ctrl+I,常用于制作胶片效果。

打开一幅图片,对它执行"图像丨调整丨反相"命令,对比效果如图7-31和7-32所示。

图7-31 原始图片   图7-32 执行"反相"

7.3.9 "色调分离"命令

"色调分离"命令可以指定图像中每个颜色通道的色调级别或亮度值,并将这些像素映射到最接近的一种色调上。此操作可以在保持图像轮廓的前提下,有效地减少图像中的色彩数量。它可以选择色阶数目,能得到具有一定数量明暗值的图像。

执行"图像丨调整丨色调分离"命令,打开"色调分离"对话框,如图7-33所示。

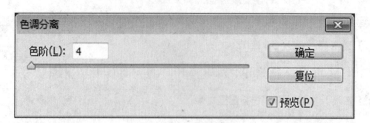

图7-33 色调分离

该命令的相关参数为:

■ 色阶:数值越大,颜色过渡越细腻;反之,图像的色块效果显示越明显。取值范围为2～255,当数值为2时,合并所有亮度到暗调和高光两部分,数值为255时,颜色最丰富。

7.3.10 "阈值"命令

"阈值"命令可以把彩色或灰度图像转变为高对比度的黑白图像,阈值色阶可指定为1至255亮度中的任意一级,小于阈值的像素变黑,大于阈值的像素变白。使用时可以移动色阶滑杆,观察效果。一般设置在像素分布最多的亮度级上,可以保留最丰富的图像细节,其效果可用来制作漫画。执行"图像 | 调整 | 阈值"命令,打开"阈值"对话框,如图7-34所示。

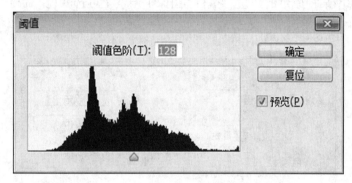

图7-34 阈值

该命令的相关参数为:

- 阈值色阶:在文本框中可输入1～255之间的阈值。小于该值的像素将被转化为黑色,大于该值的像素将被转化为白色。

7.3.11 "渐变映射"命令

"渐变映射"将相等的图像灰度范围映射到指定的渐变填充色上。该命令可以将某种渐变颜色与图像本来颜色进行混合叠加,从而改变图像的色彩。执行"图像 | 调整 | 渐变映射"命令,打开"渐变映射"对话框,如图7-35所示。

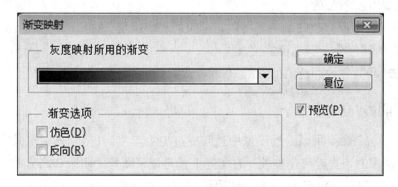

图7-35 渐变映射

该命令的相关参数为:

- 灰度映射所用的渐变:单击下方的渐变条,可以打开"渐变编辑器",选择预设渐变或编辑需要的渐变。
- 仿色：勾选该复选框，可以使渐变过渡更加均匀柔和。
- 反向：勾选该复选框，可以将编辑的渐变颜色反转。

7.3.12 "可选颜色"命令

"可选颜色"命令可以选择某种颜色范围进行针对性的修改，在不影响其他原色的情况下，修改图像中某种原色的数量。执行"图像 | 调整 | 可选颜色"命令，打开"可选颜色"对话框，如图7-36所示。

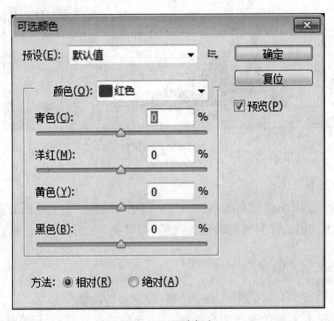

图7-36 可选颜色

该命令的相关参数为：
- 颜色：指定要修改的颜色。可以在下拉列表中指定一种修改的颜色，并可以拖动下方的颜色滑块，来修改颜色值。
- 方法：设置修改颜色值的方法，有两种选项：相对和绝对。

7.3.13 "阴影/高光"命令

"阴影/高光"命令可以处理图像中过暗或过亮的图像，并尽量显示出其中的图像细节，以恢复图像的逼真性和完整性。它实际上就是调整图像中阴影和高光的分布。执行"图像 | 调整 | 阴影/高光"命令，打开"阴影/高光"对话框，如图7-37所示。

7.3.14 "HDR色调"命令

HDR的全称是High Dynamic Range，即高动态范围，如所谓的高动态范围图像

图7-37 阴影/高光

（HDRI）或者高动态范围渲染（HDRR）。动态范围是指信号最高值和最低值的相对比值。
目前的16位整型格式使用从"0"（黑）到"1"（白）的颜色值，但是不允许所谓的"过范围"
值，比如说金属表面比白色还要白的高光处的颜色值。简单来说，HDR效果主要有三个
特点：亮的地方可以非常亮；暗的地方可以非常暗；亮暗部的细节都很明显。在HDR的
帮助下，可以使用超出普通范围的颜色值，因而能渲染出更加真实的3D场景。

执行"图像丨调整丨HDR色调"命令，打开"HDR色调"对话框，如图7-38所示。

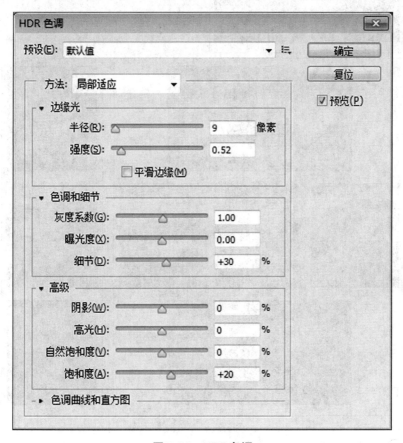

图7-38 HDR色调

该命令的相关参数为：

- 边缘光："半径"控制发光效果大小；"强度"控制发光效果的对比度；"平滑边缘"提升细节时，启用边缘保留平滑。
- 色调和细节："灰度系数"调整高光和阴影之间的差异；"曝光度"调整图像的整体色调；"细节"能查找图像细节。
- 高级："阴影"调整阴影区域的明亮度；"高光"调整高光区域的明亮度。

7.3.15 "变化"命令

"变化"命令是一种较为直观的色彩平衡类工具，它可以让用户直观地调整图像或选取范围内图像的色彩平衡、对比度、亮度和饱和度等。执行"图像|调整|变化"命令，打开"变化"对话框，如图7-39所示。

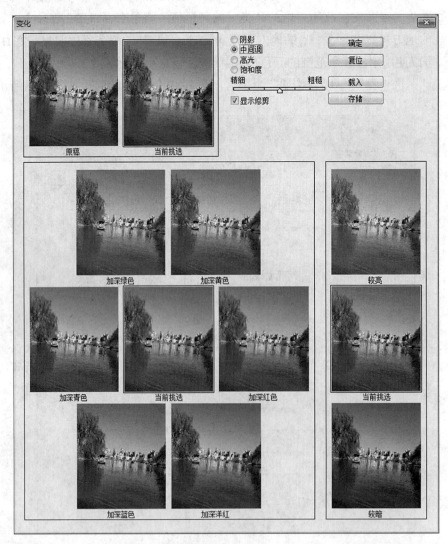

图7-39　变化

点击相应名字的图片即可改变原图像的色调和亮度。选择越偏向精细,则每次改变的幅度越小。

7.3.16 "去色"命令

"去色"命令可以将图像的颜色信息去掉,将图像中所有颜色的饱和度降为0,把图层转变为不包含色相的灰度图像,但其颜色模式保持不变,只是每个像素的颜色被去掉,只留有明暗度。使用"去色"命令,可以突出表现重点图像或图像的某一部分。

打开一幅图片,对它执行"去色"命令,对比效果如图7-40和7-41所示。

图7-40 原始图片   图7-41 执行"去色"

7.3.17 "匹配颜色"命令

虽然通过曲线或色彩平衡等工具,我们可以任意地改变图像的色调,但如果要参照另外一幅图片的色调来作调整,操作还是比较复杂的,特别是在色调相差比较大的情况下。为此,Photoshop专门提供了这个在多幅图像之间进行色调匹配的命令。

"匹配颜色"命令是匹配不同图像之间、多个图层之间或者多个颜色选区之间的颜色。必须在Photoshop中同时打开多幅图像,才能在多幅图像中进行色彩匹配。

打开两幅图片,将其中一幅图片处在编辑状态,然后执行"图像 | 调整 | 匹配颜色"命令,打开"匹配颜色"对话框,如图7-42所示。

该命令的相关参数为:

■ 目标图像:显示需要被修改的图像文件名。如果目标图像中有选区存在的话,文

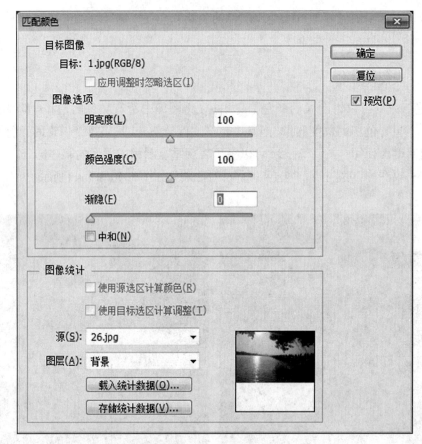

图7-42　匹配颜色

件名下方的"应用调整时忽略选区"项目就会有效,此时可选择只针对选区还是针对全图进行色彩匹配。

- 图像选项:可以设置图像的匹配效果,包括"明亮度""颜色强度"和"渐隐"。"中和"选项的作用将使颜色匹配的效果减半,这样最终效果中将保留一部分原先的色调。
- 源图像:是一个参照物,可以选择颜色匹配所参照的源图像文件名,这个文件必须是同时在Photoshop中处于打开状态的。匹配颜色命令将该图像中的颜色映射到目标图像中,从而达到统一图像色调的目的。
- 图层:选择源图像中用于匹配颜色的图像所在的图层。如果源文件包含了多个图层,可在图层选项列表中选择只参照其中某一层进行匹配。
- "存储统计数据"按钮:是将本次匹配的色彩数据存储起来,文件扩展名为.sta。这样下次进行匹配的时候可选择载入这次匹配的数据,而不再需要打开这次的源文件,也就是说在这种情况下就不需要在Photoshop中同时打开其他的图像了。载入颜色匹配数据可以被编辑到自动批处理命令中,这样可以很方便地针对大量图像进行同样的颜色匹配操作。

7.3.18 "替换颜色"命令

"替换颜色"命令可以用其他颜色替换图像中的特定的颜色。它实际上是在图像中选取特定的颜色区域来调整其色相、饱和度和亮度值。执行"图像 | 调整 | 替换颜色"命令，打开"替换颜色"对话框，如图7-43所示。

"替换颜色"命令的操作步骤包括：设定容差；在图像中取样；使用吸管增加/减少颜色；调整色相、饱和度和明度。

在图像中点击所要改变的颜色区域，设置框中就会出现有效区域的灰度图像，呈白色的是有效区域，呈黑色的是无效区域。改变颜色容差可以扩大或缩小有效区域的范

图7-43 替换颜色

围，也可以使用添加到取样工具和从取样中减去工具来扩大和缩小有效范围。颜色容差和增减取样虽然都是针对有效区域范围的改变，但颜色容差的改变是基于在取样范围的基础上的。

7.3.19 "色调均化"命令

"色调均化"命令可以重新分布图像中各像素的亮度值，使图像色彩分布更平均，提高图像的对比度，使得图像看上去更加鲜明。其工作原理是把最亮的像素变白，最暗的像素变黑，其余的像素均匀分布，映射到相应的灰度值上，然后生成灰度值。这个命令也是一个很好的调整数码照片的工具。打开一幅图片，对它执行"色调均化"命令，对比效果如图7-44和7-45所示。

图7-44　原始图片　　　　　　　　图7-45　执行"色调均化"

7.4　应用案例

7.4.1　应用案例一

案例一：制作更换季节的照片。

（1）打开一幅图片"tree.jpg"，如图7-46所示，将文件存储为"tree.psd"。

（2）执行"图像 | 调整 | 色相/饱和度"，将"编辑"设为"绿色"，移动色相滑块，使绿叶变为黄色，单击"确定"按钮，如图7-47所示。

（3）将文件另存为"yellow.jpg"，如图7-48所示。

（4）执行"图像 | 调整 | 色相/饱和度"，将"编辑"设为"黄色"，移动色相滑块，使黄叶变为红色，适当地调整饱和度，单击"确定"按钮，如图7-49所示。

（5）将文件另存为"red.jpg"，如图7-50所示。

图7-46 打开图片

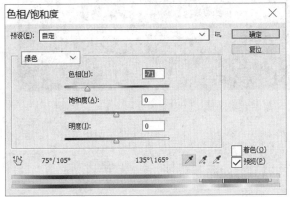

图7-47 调整"色相/饱和度"

图7-48 保存为"yellow.jpg"

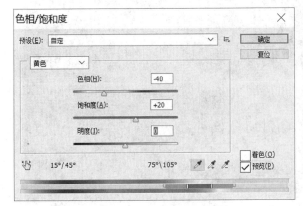

图7-49 调整"色相/饱和度"

图7-50 保存为"red.jpg"

7.4.2 应用案例二

案例二：制作单色照片。

（1）打开一幅图片"boy.jpg"，点击背景图层，复制一个背景副本，如图7-51所示。

227

图7-51 复制背景图层

（2）执行"图像 | 调整 | 去色"命令，将图像变为一个灰度图，执行"图像 | 调整 | 反相"命令，将图像反相，将图层混合模式改为色相，如图7-52所示。

图7-52 变为灰度图

（3）执行"图层 | 合并图层"命令，将两个图层合并。

（4）执行"图像 | 调整 | 变化"命令，为照片分别加深红色、绿色、蓝色一次。这时就制作出了单色效果，保存图片为boydanse.jpg，如图7-53所示。

图7-53 保存图片

第8章

综合案例 ——————————————

本章将主要介绍简单应用案例和综合应用案例。通过应用案例,使同学们能更好地掌握Photoshop的操作方法和使用技巧。

8.1 简单应用案例

8.1.1 案例一:制作图片的光晕效果

(1)打开一幅图片 bird.jpg,将文件存储为"bird.psd",如图 8-1 所示。

图 8-1　打开图片

(2)使用"椭圆选框"工具选择选区,如图 8-2 所示。

(3)执行"选择 | 修改 | 羽化"命令,设置羽化半径为 40 像素,如图 8-3 所示。

(4)执行"选择 | 反向"命令,将选区反选,如图 8-4 所示。

图8-2　选择椭圆选区

图8-3　设置羽化

图8-4　执行反选

（5）将前景色设为白色，执行"编辑｜填充"命令，用前景色填充选区，快捷键Alt+Delete，如图8-5所示。

图8-5　前景色填充

（6）执行快捷键Ctrl+D，取消选区，如图8-6所示。

图8-6　取消选区

（7）执行保存，命名为bird3.jpg，如图8-7所示。

图8-7　保存图片

8.1.2　案例二：制作图片的素描效果

（1）打开一幅图片t.jpg，将文件存储为"t.psd"，如图8-8所示。

图8-8　打开文件

（2）执行"滤镜 | 模糊 | 特殊模糊"命令，设置参数为半径56，阈值25，品质"中"，模式"仅限边缘"，如图8-9所示。点击"确定"按钮，则会看到效果图，如图8-10所示。

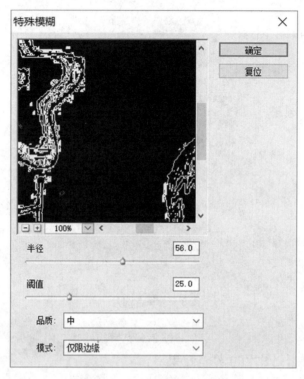

图8-9　"特殊模糊"对话框

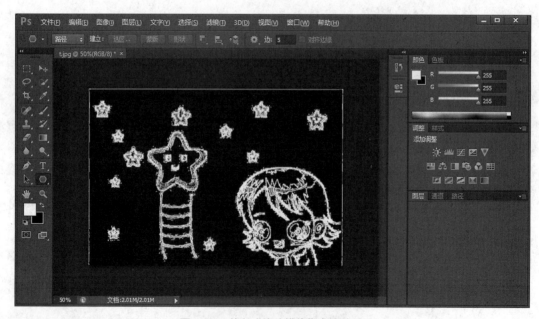

图8-10　执行"特殊模糊"滤镜效果

（3）执行"图像｜调整｜反相"命令，将图像反相，完成制作，如图8-11所示。

图8-11 执行反相

（4）执行保存，命名为t3.jpg，如图8-12所示。

图8-12 保存图片

8.1.3 案例三：制作球体

（1）新建一幅图片，将文件存储为"ball.psd"，建一个新图层，选取椭圆选框工具，同时按下 Shift 键,在层上画一个正圆形的选区,如图 8-13 所示。

(2)选择渐变工具,进行渐变编辑,设置为浅灰色至深灰色的渐变,然后选择径向渐变,在正圆形选区内从中间向外拖拽,生成渐变效果,然后取消选区的浮动,如图 8-14 所示。

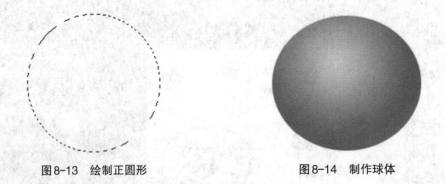

图 8-13　绘制正圆形　　　　　　　　　　　　图 8-14　制作球体

8.1.4　案例四:制作圆柱体

(1)新建一个文件,将文件存储为 "zhuti.psd",选取矩形选框工具,在背景图层上画一个长方形的选区。

(2)选择渐变工具,进行渐变编辑,设置为深灰色至浅灰色再至深灰色的渐变,如图 8-15 所示。在长方形选区内从左至右进行渐变,如图 8-16 所示。然后执行 Ctrl+D,取消浮动。

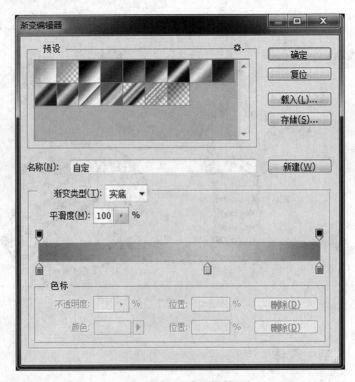

图 8-15　渐变编辑器

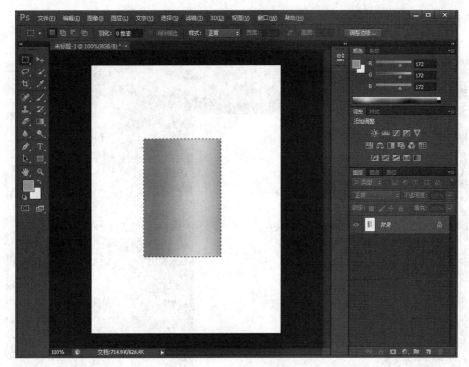

图8-16 执行渐变

（3）新建图层1，选择图层1，在圆柱的上部画一个椭圆选区，如图8-17所示。

图8-17 绘制椭圆

（4）在图层1上用灰色填充椭圆选区，并双击背景图层，保存为图层0，如图8-18所示。

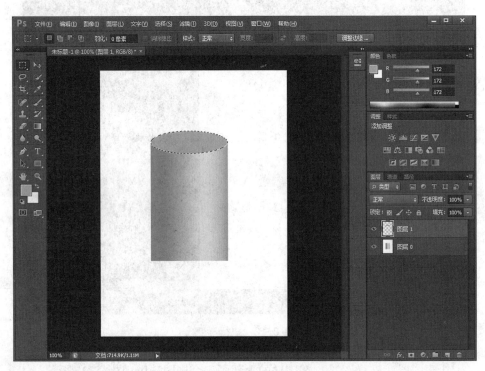

图8-18　填充灰色

（5）回到图层0，按键盘上的向下方向键，将选区向下移动，如图8-19所示。

（6）选择矩形选框工具，并按键盘上的Shift键，进行加选，如图8-20所示。

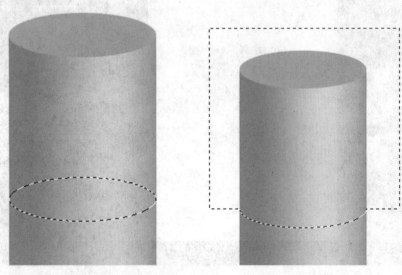

图8-19　椭圆选区下移　　　　　　　图8-20　加选选区

（7）执行菜单命令"选择|反向"，进行反选，如图8-21所示。

图8-21　执行选区反选

（8）然后按键盘上的Delete键，删除不需要的部分，完成圆柱体的制作，如图8-22所示。

图8-22　删除多余部分

（9）最后，将图片另存为zhuti.jpg，如图8-23所示。

图8-23　保存圆柱体图片

8.1.5　案例五：制作圆锥体

（1）新建一个文件，将文件存储为"zhuiti.psd"，建一个新图层为"图层1"，选取矩形选框工具，在图层1上画一个长方形的选区，如图8-24所示。

图8-24　绘制选区

（2）选择渐变工具，进行渐变编辑，设置为深灰色至浅灰色再至深灰色的渐变，如图 8-25所示。在长方形选区内从左至右进行渐变，如图8-26所示。

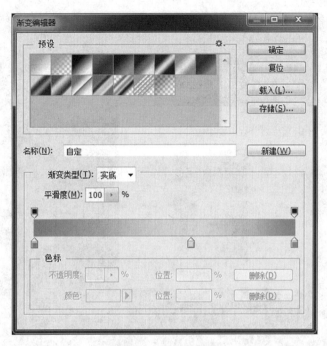

图8-25 渐变编辑器

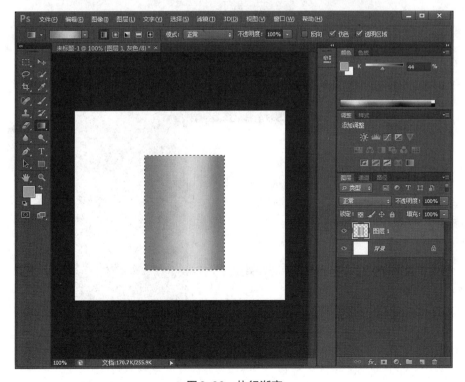

图8-26 执行渐变

（3）执行"编辑 | 变换 | 透视"命令，如图8-27所示。拖动控制框，将其拉成三角形，如图8-28所示。然后执行Ctrl+D，取消浮动。

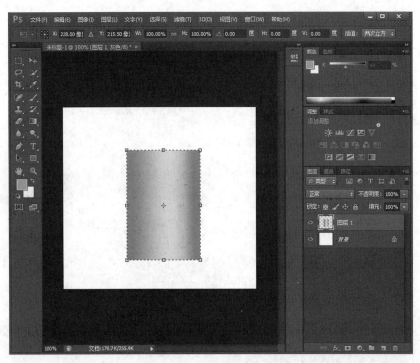

图8-27　执行透视效果

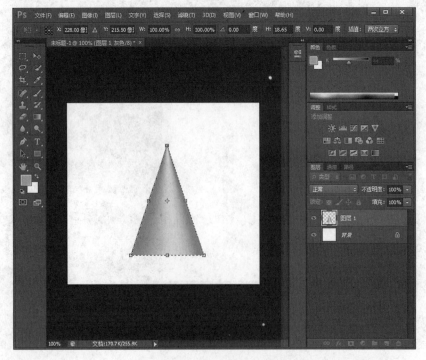

图8-28　拖动为三角形

（4）在三角形下部画一个椭圆，如图8-29所示。再选择矩形选框工具，按键盘上的 Shift键进行加选，如图8-30所示。

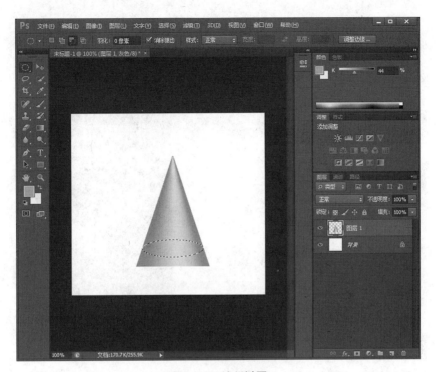

图8-29 绘制椭圆

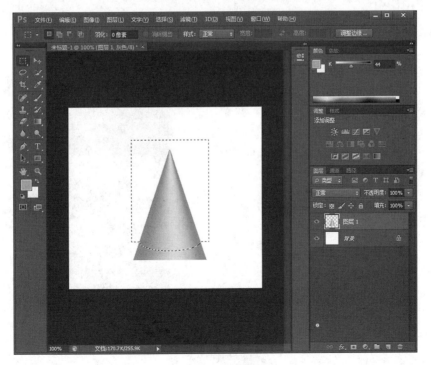

图8-30 加选选区

（5）执行"选择 | 反向"命令，进行反选，如图 8-31 所示。然后按键盘上的 Delete 键，删除不需要的部分，完成圆锥体的制作，将图片另存为 zhuti.jpg，如图 8-32 所示。

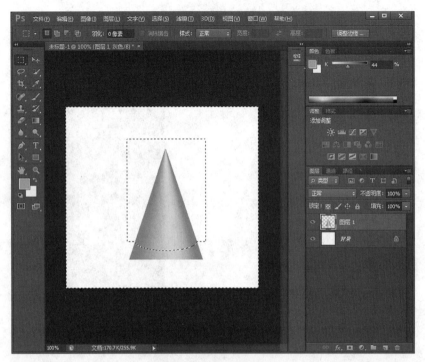

图 8-31　执行选区反选

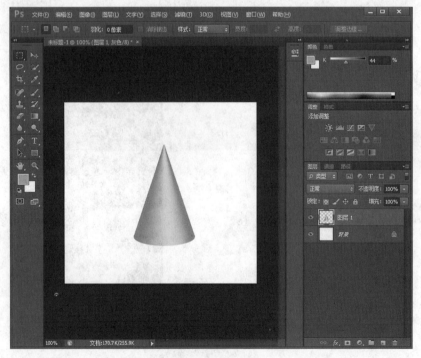

图 8-32　保存图片

8.2 综合应用案例

8.2.1 案例一：制作水中倒影

（1）打开图片01.jpg，如图8-33所示。

图8-33 打开图片

（2）将背景图层转换成普通图层，在图层面板双击该背景图层（或右击，弹出快捷菜单中选择背景图层），弹出"新建图层"对话框，命名为"楼"，如图8-34所示。

图8-34 新建图层

（3）调整画布大小，将画布的宽度不变，将高度变成原来的2倍，执行"图像 | 画布大小"，如图8-35所示。图片的显示效果如图8-36所示。

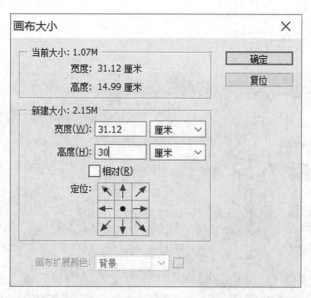

图8-35　"画布大小"对话框

图8-36　调整画布大小效果

（4）选择矩形选框工具，选择楼房图像部分，右击，快捷菜单选择"通过拷贝的图层"，将选区图像复制到新图层，命名为"复制楼"。选择"楼"图层，执行"编辑 | 变换 | 垂直翻转"，进行垂直翻转，拖拽到下半部，如图8-37所示。

图8-37 复制图层并翻转

（5）选择"楼"图层，执行"滤镜 | 扭曲 | 波纹"，进行波纹处理，数量为200%，大小参数选择"中"，如图8-38所示。图片显示效果如图8-39所示。

图8-38 "波纹"对话框

图8-39　执行波纹滤镜

　　（6）执行"滤镜丨模糊丨高斯模糊"，半径设为1.5，如图8-40所示。图片显示效果如图8-41所示。

图8-40　"高斯模糊"对话框

图8-41 执行高斯模糊效果

（7）执行"滤镜｜模糊｜动感模糊"，设置参数为：角度90，距离10像素，如图8-42所示。图片显示效果如图8-43所示。

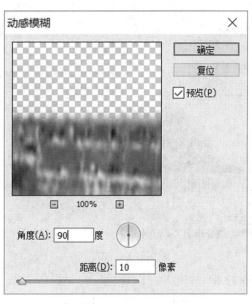

图8-42 "动感模糊"对话框

图8-43　执行"动感模糊"

（8）调整色阶，执行"图像 | 调整 | 色阶"，设置如图8-44所示。显示效果如图8-45所示。

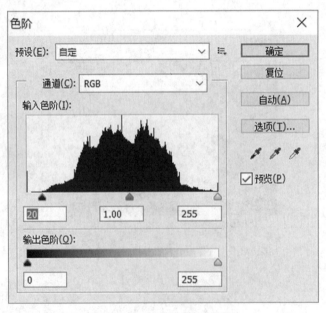

图8-44　"色阶"对话框

图8-45 执行"色阶"效果

（9）选择椭圆选框工具，在"楼"图层上绘制选区，执行"滤镜丨扭曲丨水波"，设置如图8-46所示。图片显示效果如图8-47所示。取消选区，显示效果如图8-48所示。

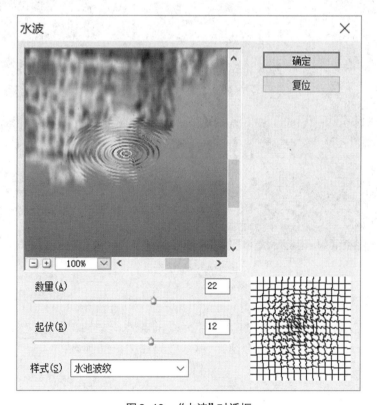

图8-46 "水波"对话框

图8-47　执行"水波"效果

图8-48　取消选区

（10）执行"编辑 | 自由变换"（Ctrl+T），向上拖拽水平手柄图像放大一点，按Enter确定，如图8-49所示。制作完成，保存图片，显示效果如图8-50所示。

图8-49 执行自由变换

图8-50 保存图片

8.2.2 案例二：制作烧纸效果

（1）新建文件，分辨率300，RGB彩色图像，背景白色；打开paper.psd，选择移动工具，把图片移动到新建文件中，生成新的图层，命名为"图层1"，如图8-51所示。

图8-51 新建文件

（2）执行"编辑 | 自由变换"，旋转一个角度，按Enter完成，如图8-52所示。

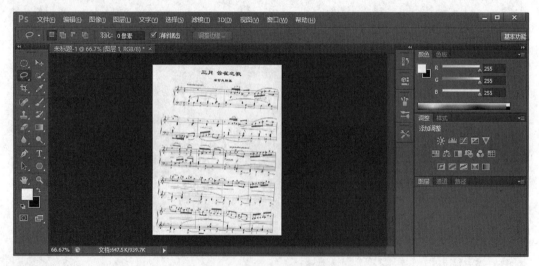

图8-52 执行"自由变换"

（3）使用套索工具，在图层上绘制不规则选区，如图8-53所示。

（4）单击"以快速蒙版模式编辑"按钮，进入快速蒙版编辑状态，如图8-54所示。

（5）执行"滤镜 | 像素化 | 晶格化"，单元格大小设置为20，如图8-55和8-56所示。

图8-53 绘制不规则选区

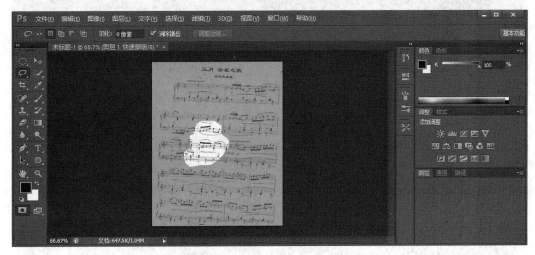

图8-54 进入"快速蒙版"模式

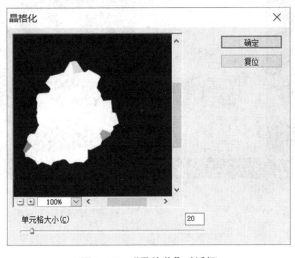

图8-55 "晶格化"对话框

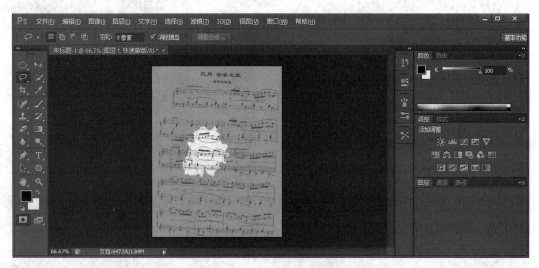

图8-56 执行"晶格化"效果

（6）单击"以标准模式编辑"按钮，回到标准模式，如图8-57所示。然后执行Delete或"编辑∣清除"，删除选区，如图8-58所示。

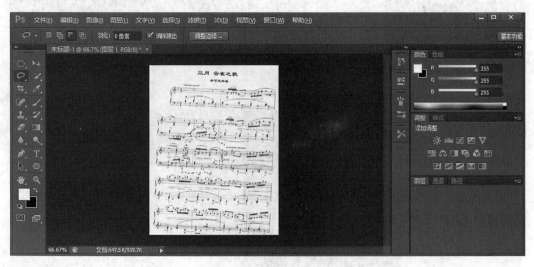

图8-57 进入标准模式

图8-58　删除选区

（7）执行"选择 | 修改 | 扩展"，扩展8px，如图8-59所示。显示效果如图8-60所示。

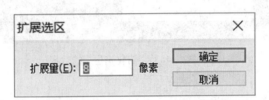

图8-59　"扩展选区"对话框

图8-60　执行"扩展选区"的效果

（8）羽化处理选区，执行"选择 | 修改 | 羽化"，半径8px，如图8-61所示。显示效果如图8-62所示。

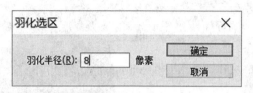

图8-61 "羽化选区"对话框

图8-62 执行"羽化选区"的效果

（9）调整图像的色相和饱和度，执行"图像 | 调整 | 色相/饱和度"，参数设置如图8-63所示。显示效果如图8-64所示。

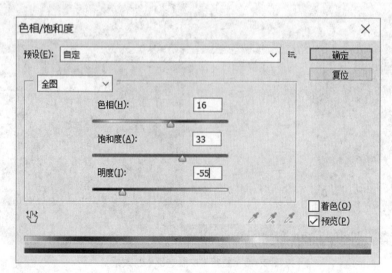

图8-63 "色相/饱和度"对话框

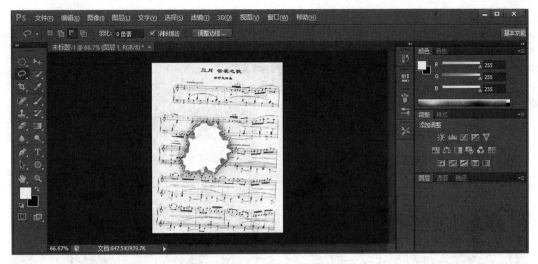

图8-64 执行"色相/饱和度"的效果

（10）单击图层面板的"添加图层样式"按钮，在弹出菜单中选择"投影"，设置如图8-65所示，点击"确定"，显示效果如图8-66所示。

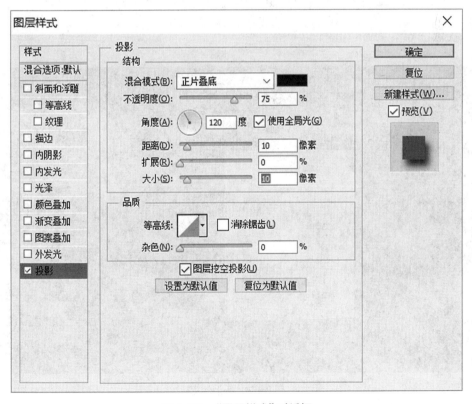

图8-65 "图层样式"对话框

图8-66　执行"投影"的效果

（11）取消选区，制作完成，保存psd文件，如图8-67所示。另存为jpg文件，如图8-68所示。

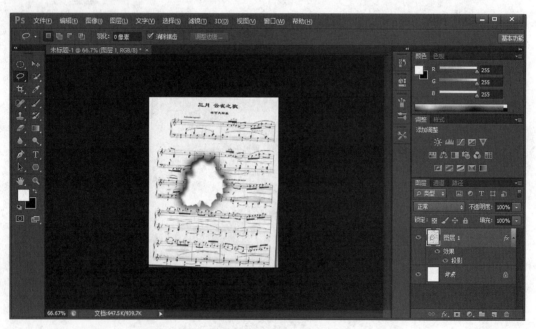

图8-67　取消选区

图8-68　保存图片

图书在版编目(CIP)数据

Photoshop CS6 基础教程/汤莉主编.—上海:复旦大学出版社,2018.8(2022.9 重印)
ISBN 978-7-309-13877-1

Ⅰ.①P… Ⅱ.①汤… Ⅲ.①图象处理软件-教材 Ⅳ.①TP391.413

中国版本图书馆 CIP 数据核字(2018)第 196046 号

Photoshop CS6 基础教程
汤　莉　主编
责任编辑/陆俊杰

复旦大学出版社有限公司出版发行
上海市国权路 579 号　邮编:200433
网址:fupnet@ fudanpress.com　http://www.fudanpress.com
门市零售:86-21-65102580　　团体订购:86-21-65104505
出版部电话:86-21-65642845
上海四维数字图文有限公司

开本 787×1092　1/16　印张 17　字数 353 千
2018 年 8 月第 1 版
2022 年 9 月第 1 版第 2 次印刷

ISBN 978-7-309-13877-1/T·633
定价:38.00 元